Turana Osmanova

Substâncias tóxicas em nossos alimentos diários

Turana Osmanova

Substâncias tóxicas em nossos alimentos diários

ScienciaScripts

Imprint

Any brand names and product names mentioned in this book are subject to trademark, brand or patent protection and are trademarks or registered trademarks of their respective holders. The use of brand names, product names, common names, trade names, product descriptions etc. even without a particular marking in this work is in no way to be construed to mean that such names may be regarded as unrestricted in respect of trademark and brand protection legislation and could thus be used by anyone.

Cover image: www.ingimage.com

This book is a translation from the original published under ISBN 978-620-7-64728-6.

Publisher:
Sciencia Scripts
is a trademark of
Dodo Books Indian Ocean Ltd. and OmniScriptum S.R.L publishing group

120 High Road, East Finchley, London, N2 9ED, United Kingdom
Str. Armeneasca 28/1, office 1, Chisinau MD-2012, Republic of Moldova, Europe
Printed at: see last page
ISBN: 978-620-7-68142-6

Osmanova Turana

SUBSTÂNCIAS TÓXICAS NA NOSSA ALIMENTAÇÃO QUOTIDIANA

2024

Índice

PREÂMBULO

Os processos químicos no corpo humano sempre atraíram a minha atenção. A principal razão para escrever o artigo científico está relacionada com este facto. O corpo humano é o laboratório mais complexo, e os fenómenos químicos que aqui ocorrem são de grande interesse para qualquer químico.

Os processos químicos que ocorrem no nosso corpo dependem da nossa alimentação. Desde que uma pessoa se alimente de forma saudável, estes processos químicos não causam qualquer dano à saúde, porque os sistemas de auto-defesa e autorregulação do corpo estão estabelecidos de forma ideal, a menos que haja influências negativas do exterior. Para manter esta idealidade, é necessário reconhecer e manter-se afastado dos alimentos que podem prejudicar a nossa saúde. Porque a nossa saúde é muito útil para nós. Proteger esta saúde e transmiti-la às gerações futuras é um dever humano de cada um de nós.

Um agradecimento especial à minha família e à minha valiosa colega Agazade Zibar, que me apoiaram na realização deste trabalho científico, que tem uma função educativa para a saúde humana.

TURANA OSMANOVA.

SUBSTÂNCIAS TÓXICAS NA NOSSA ALIMENTAÇÃO QUOTIDIANA

Objetivo da investigação: O objetivo da investigação realizada é orientar as pessoas para uma alimentação mais saudável e prevenir problemas ambientais. Porque o maior desenvolvimento da ciência e da tecnologia leva à criação de alimentos que podem prejudicar a saúde humana. Uma parte destes problemas é apresentada num artigo científico.

Significado prático da investigação: É muito importante investigar e apresentar aos leitores os efeitos negativos para a saúde dos aditivos alimentares com diferentes ingredientes, dos fertilizantes e pesticidas utilizados durante o cultivo de frutas e legumes e dos metais pesados que entram no organismo de diferentes formas. A minha investigação científica pode, até certo ponto, evitar estes efeitos negativos.

Palavras chave: saúde humana, carcinogéneo, radicais livres, oxigénio reativo, metais pesados, antioxidante, metemoglobina, pesticidas.

1. INTRODUÇÃO

Em comparação com anos anteriores, tem-se verificado um aumento de mutações genéticas entre as pessoas, o nascimento de crianças com doenças e síndrome de autismo, cancro, doenças de Alzheimer e Parkinson, fadiga geral, enfraquecimento do sistema imunitário, dores musculares, etc. Este facto suscita grande preocupação entre os cientistas e motiva-os a realizar investigação científica em torno desta questão. Algumas das principais razões podem ser hábitos alimentares pouco saudáveis, aditivos nos alimentos que podem prejudicar a saúde humana, poluição ambiental excessiva e níveis elevados de stress, entre outros.

O avanço significativo da química e o rápido desenvolvimento dos domínios da produção e da investigação não só têm sido benéficos para a humanidade, como também têm efeitos mais negativos do que o esperado. Os alimentos embalados com prazo de validade alargado, vários tipos de edulcorantes, aditivos, frutas e legumes geneticamente modificados (OGM), etc., representam uma espécie de perigo para a vida humana. Além disso, embora sejam utilizados vários fertilizantes e pesticidas para diferentes fins durante a fase de crescimento de frutas, legumes e plantas, a maioria deles tem um impacto positivo no desenvolvimento das plantas, mas tem efeitos negativos na saúde humana.

Embora não seja possível eliminar completamente estes factores das nossas vidas, de acordo com as exigências da época, é possível reduzir a quantidade de perigo que podem causar à saúde humana, minimizando a sua extensão.

As substâncias que podem ter efeitos tóxicos no corpo humano são cada vez mais frequentes, uma vez que estamos regularmente expostos a elas de várias formas no nosso quotidiano. O meu objetivo ao fazer investigação e escrever é investigar uma parte destas substâncias e educar as pessoas, com vista a minimizar o seu impacto na saúde.

Os efeitos negativos das substâncias nocivas no organismo ocorrem através de diferentes mecanismos. Como resultado, os danos no ADN, a formação de vários tipos de radicais livres, espécies reactivas de oxigénio (ROS), danificam órgãos e tecidos, vários tipos de distúrbios funcionais, diferentes tipos de cancro, doenças do sistema nervoso, etc.

As formas como as substâncias que causam estes problemas de saúde entram no organismo são diversas. Uma das principais razões é a poluição do solo e das fontes de água potável em resultado de efeitos antropogénicos (processos industriais e de produção). As frutas e os legumes cultivados em solos contaminados com substâncias nocivas também estão expostos aos efeitos dessas substâncias e apresentam um risco tóxico para o corpo humano em resultado da alimentação. Além disso, como resultado da infiltração do solo, a água potável está exposta a diferentes compostos tóxicos.

Outra razão para a contaminação de frutas e legumes é a utilização excessiva de fertilizantes contendo nitratos para o crescimento e desenvolvimento das plantas. Os efeitos negativos dos nitratos e dos nitritos no organismo são bastante extensos (ver informações pormenorizadas abaixo). Além disso, as implicações para a saúde dos pesticidas utilizados para combater insectos nocivos, parasitas, bactérias e vírus, fungos, ervas daninhas, etc. têm efeitos negativos para a saúde.

Outra razão pela qual as pessoas estão expostas a efeitos nocivos é a adição de aditivos a alimentos prontos e processados para vários fins. O objetivo da adição destas substâncias aos alimentos é prolongar o prazo de validade, realçar o sabor, adoçar, etc.

Os efeitos nocivos causados pelos metais pesados que entram no organismo de diferentes formas são bastante vastos. Pode encontrar todas as informações sobre estes efeitos em baixo. É importante reconhecer estas substâncias para se proteger de tais efeitos.

2. Aditivos adicionados aos géneros alimentícios para diversos fins:

Recentemente, queixas como preguiça, insónia, dores musculares e nervosas, estados depressivos, etc. são bastante comuns entre as pessoas. Como já referimos, uma das razões para este facto é uma alimentação inadequada e a exposição regular a aditivos químicos adicionados aos nossos alimentos. Quase todos os alimentos embalados, bebidas, carnes processadas, sais de mesa, etc. contêm conservantes, corantes e outros aditivos. É importante conhecer o objetivo das substâncias listadas nos alimentos que consumimos e saber se são prejudiciais para o nosso organismo. Estas substâncias são normalmente indicadas com um código E nos alimentos. Independentemente da sua utilização, estas substâncias não devem prejudicar a saúde humana nem reduzir o valor nutricional dos alimentos. Além disso, os aditivos devem ser incorporados uniformemente nas composições alimentares. Para além de tudo isto, dependendo do tipo de alimento, a utilização de aditivos não deve exceder a quantidade permitida. Ao mesmo tempo, cada pessoa deve obter facilmente informações sobre a composição de qualquer aditivo e o objetivo da adição aos alimentos. Quando um fabricante adiciona um aditivo aos alimentos, deve escrever o nome ou o código dessa substância na embalagem. [10], [38]

Cada substância química tem um determinado nível de toxicidade para o organismo, pelo que é importante determinar a quantidade segura destas substâncias para o organismo. É necessário investigar se uma substância é nociva para a saúde e quais as etapas que percorre no organismo. O processo em que uma substância química entra na corrente sanguínea depois de ter sido absorvida pelo organismo chama-se absorção. As substâncias que entram na corrente sanguínea são distribuídas aos órgãos. O processo de transformação das substâncias que entram no corpo e são convertidas noutras substâncias nos órgãos chama-se metabolismo. Para determinar se os aditivos adicionados aos alimentos são nocivos para o organismo, é necessário pesquisar todas as etapas e processos metabólicos que ocorrem desde a sua entrada no organismo até à sua excreção, bem como todas as combinações que podem sofrer durante os processos metabólicos para identificar todos os perigos potenciais que podem representar para o organismo. Todos devem poder obter e conhecer facilmente os resultados de todas estas investigações. [9]

Para além das substâncias que podem causar efeitos tóxicos imediatamente ou algumas horas depois de entrarem no corpo, há também substâncias que podem ter um efeito tóxico crónico quando as tomamos regularmente, mesmo que não sejam tóxicas em circunstâncias normais. Isto pode ter diferentes impactos negativos na nossa saúde. Ao investigar os efeitos imediatos e crónicos para a saúde dos aditivos e conservantes adicionados à alimentação das pessoas, devem também ser tidos em conta os seguintes casos

* Efeito mutagénico: um efeito que produz efeitos negativos diretamente no ADN,

* Efeito neurológico: um efeito que causa vários problemas no sistema nervoso,

* Efeito carcinogénico: um efeito que provoca cancro no organismo. Uma das causas deste efeito é a ingestão de substâncias que contêm nitratos e nitritos,

* Efeito no sistema imunitário: o efeito que enfraquece o sistema imunitário, etc.

Vamos familiarizar-nos com a informação relativa aos objectivos da utilização de várias substâncias adicionadas aos nossos alimentos diários e se são prejudiciais para o organismo:

2.1. O aspartame (N-(L-α-Aspartil)-L-fenilalanina, éster 1-metil)- é um composto que contém um grupo aromático.

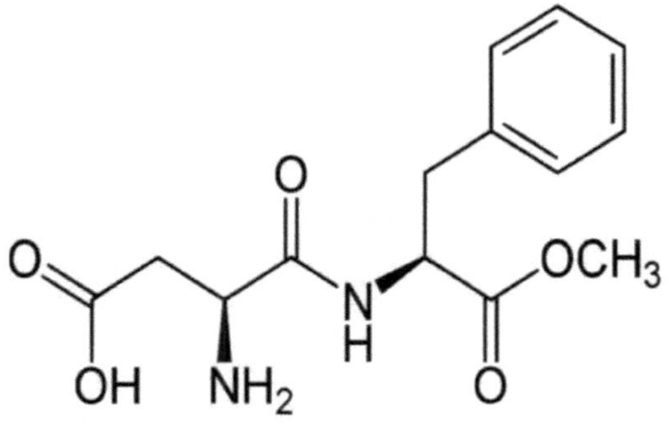

$C_{14}H_{18}N_2O_5$

Figura 1. Aspartame

O objetivo da adição de aspartame aos alimentos é a sua elevada doçura. Esta substância não pertence à classe dos hidratos de carbono, mas a sua doçura é aproximadamente 200 vezes superior à da sacarose. Devido a esta propriedade física, é utilizado em alimentos embalados, doces, pastilhas elásticas, etc. [34]

O aspartame produz no organismo os aminoácidos aspartato e fenilalanina, que são sintetizados no corpo nas quantidades necessárias, não havendo necessidade de ingestão adicional. Se uma mulher grávida consumir fenilalanina em excesso, pode ter um impacto negativo no desenvolvimento do feto. [48]

Ao mesmo tempo, as pessoas com o distúrbio metabólico "fenilcetonúria" devem ter cuidado com o aspartame. Como o seu corpo não possui a enzima fenilalanina hidroxilase para decompor a fenilalanina produzida a partir do aspartame, o resultado é uma elevada concentração de fenilalanina e a fenilalanina também aparece na urina sob a forma de um composto de piruvato. Através desta enzima, a fenilalanina é convertida em tirosina no organismo, impedindo a acumulação de níveis elevados de fenilalanina. Se houver um nível elevado de fenilalanina no organismo, podem ser observados problemas neurológicos, sensibilidade cutânea, atrasos no desenvolvimento das crianças, microcefalia, etc.

2.2. Aditivos que contêm enxofre.

Os compostos de enxofre adicionados aos alimentos incluem o dióxido de enxofre, o bissulfureto de potássio, o metabissulfito de potássio, o bissulfito de sódio, o metabissulfito de sódio, etc. Estas substâncias são adicionadas a bebidas alcoólicas, sumos de fruta, frutos secos, frutos e vegetais congelados, produtos de salsicharia, produtos de farinha, especiarias secas, chás, pastas de tomate, etc. O objetivo da adição é aumentar a cor, o sabor, o aroma e a data de validade dos alimentos e eliminar bactérias e bolores que possam ocorrer nos alimentos. Nas bebidas alcoólicas, também previnem o processo de oxidação para preservar a qualidade da bebida. [7], [31]

A exposição aos sulfitos pode manifestar-se em diferentes reacções, dependendo do nível de sensibilidade do organismo. Na superfície da pele, pode apresentar-se sob a forma de erupções cutâneas, bem como de vómitos, diarreia, cãibras. Além disso, podem ser observadas dificuldades respiratórias, sufocação e tosse, especialmente em pessoas com alergias do trato respiratório e asma. [52], [57]

Um dos sintomas tóxicos mais importantes provocados pelos sulfuretos no organismo é a dificuldade em respirar, as tonturas, a pele pálida que se torna azulada e os desmaios. Estes sintomas têm uma causa grave, pois o enxofre na composição dos aditivos liga-se ao anel β-pirrolo da molécula de hemoglobina. A hemoglobina é uma proteína que contém iões Fe^{2+} e é responsável pelo transporte de oxigénio no sangue. Quando os átomos ou moléculas de enxofre se ligam à hemoglobina, o ferro na sua composição oxida-se em iões Fe^{3+}. Como resultado, o ferro na hemoglobina perde a sua capacidade de transportar oxigénio devido à valência máxima do ferro. Como resultado deste processo, a hemoglobina (Hb) é convertida em sulfemoglobina (SulfHb). A sulfhemoglobina não pode ser convertida novamente em hemoglobina e perde a sua função. Portanto, vários problemas de saúde ocorrem quando se consome excessivamente alimentos sulfurados. [13], [55]

Hemoglobin   Methemoglobin   Sulfhemoglobin

2.3. O ferrocianeto de potássio (K_4 [Fe(CN)$_6$]) é um composto complexo metálico em gaiola, cristalino, monoclínico e de cor amarelo-limão.

Figura 2. Ferrocianeto de potássio.

O ferrocianeto de potássio é uma substância aditiva adicionada aos sais de mesa. O seu objetivo é evitar que os sais alimentares se aglomerem e se colem uns aos outros, proporcionando um aspeto mais fluido e cristalino. A quantidade admissível desta substância aditiva utilizada por quilograma de sal é de 20 miligramas (20 mg/kg). O composto ferrocianeto de potássio é um composto tóxico, com uma dose letal de 200 miligramas, pelo que os seres humanos estão expostos a esta substância em certa medida através da utilização diária de sal de mesa. [51]

O composto ferrocianeto de potássio pode existir sob a forma de iões complexos;

$$K_4[Fe(CN)_6] \rightarrow 4K^+ + [Fe(CN)_6]^{-4}$$

A parte ligante do composto ferrocianeto de potássio, que entra no organismo através dos alimentos, dissocia-se em iões no ambiente ácido do estômago:

$$[Fe(CN)_6]^{-4} \rightarrow Fe^{2+} + 6CN^-$$

A capacidade de absorção do ião cianeto no organismo é bastante elevada. Os iões de cianeto que entram no corpo através do sistema digestivo entram no sangue em poucos minutos. Independentemente de os iões de cianeto entrarem no organismo por inalação, ingestão através do sistema digestivo ou absorção através da pele, o seu mecanismo de ação permanece o mesmo. O efeito tóxico do ácido cianídrico e dos seus sais no organismo ocorre ao nível dos tecidos e das células. Assim, o oxigénio no organismo recebe um eletrão da substância sujeita a oxidação. O ião Fe3+ dos citocromos é transformado em ião Fe2+ ao receber um eletrão da substância oxidante. Este processo ocorre de forma cíclica, formando uma cadeia. Durante a exposição a cianetos, o citocromo A3 na mitocôndria é bloqueado e o processo de oxidação do ferro é perturbado. Como resultado, a quantidade de ácido lático (CH3 - CHOH-COOH) aumenta. Como resultado destas transformações, o processo respiratório é perturbado e conduz à anorexia celular. [43]

De acordo com os cianetos presentes no sal, estes perturbam o transporte de oxigénio no sangue, enfraquecem a troca de energia e a oxigenação celular. Como resultado, podem ocorrer falhas celulares, disfunções orgânicas, perturbações na função do ADN, problemas de tensão arterial, hemorragias cerebrais, doenças das vias respiratórias e do coração, efeitos cancerígenos, problemas hormonais, enfraquecimento do sistema imunitário, fadiga persistente, etc. Embora o cianeto e os seus compostos estejam presentes nos sais de mesa em pequenas quantidades, a sua ingestão diária pode potencialmente ter efeitos tóxicos no organismo e conduzir aos problemas de saúde acima referidos. Níveis elevados de envenenamento por cianeto podem resultar em coma e morte.

Para o evitar, deve utilizar sais de rocha não transformados ou sais que não contenham aditivos de ferrocianeto de potássio.

3. Nitratos e nitritos.

A ingestão de uma certa quantidade de nitratos (ou nitritos) é uma parte normal do ciclo do azoto no corpo humano. No entanto, esta quantidade é considerada normal dentro de um determinado intervalo, por exemplo, nos Estados Unidos, esta norma por pessoa é de 40-100 mg por dia e na Europa, é de cerca de 50-140 mg. Se for tomado em excesso, pode causar vários distúrbios secundários no organismo. Os nitratos são absorvidos muito rapidamente, especialmente pelos intestinos delicados. Uma das principais razões para a exposição do organismo aos nitratos são os frutos e legumes que são frequentemente utilizados com fertilizantes à base de nitratos, os alimentos embalados, a contaminação excessiva da água potável com nitratos, etc. A aplicação excessiva de fertilizantes no solo não só prejudica as plantas e a saúde humana, como também leva à poluição das reservas de águas superficiais e subterrâneas com iões de nitrato. [1], [18], [19], [24]

A utilização de fertilizantes contendo azoto é indispensável para um crescimento e desenvolvimento mais rápidos da melancia. Por este motivo, durante a plantação e o desenvolvimento da planta, são utilizados adubos nitrados com diferentes teores. Na investigação científica que realizei sobre a planta da melancia cultivada no solo onde foram aplicados excessivamente fertilizantes contendo nitratos, verificou-se que a concentração de iões nitrato na sua composição é superior ao limite permitido. Para isso, peguei num pedaço de melancia e medi a sua massa usando uma balança (41,01 gramas), depois evaporei completamente a água que continha usando um dispositivo de secagem e determinei a massa da parte seca da melancia (2,57 gramas). [4], [11]

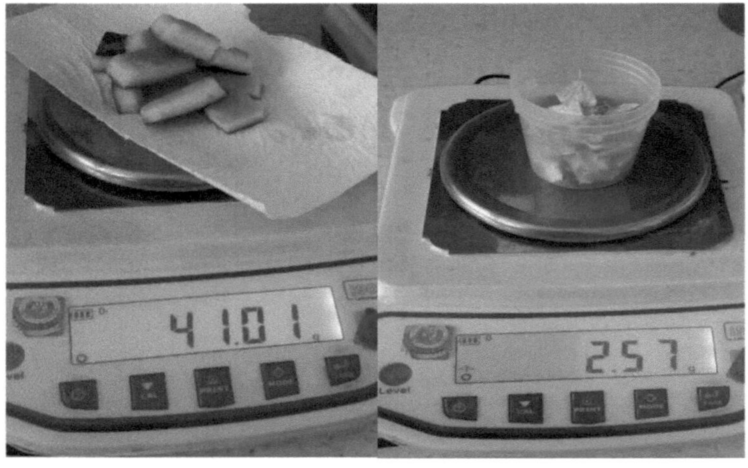

Figura 3. Determinação dos iões nitrato na melancia.

Determinei os iões nitrato (NO3-) na melancia utilizando o método espetrométrico. Para isso, peguei em 0,2 gramas da massa seca de melancia e adicionei 50 ml de solução de ácido acético a 2%. Em seguida, misturei a mistura obtida num agitador. Filtrei a mistura com papel de filtro. A extração obtida está pronta para ser analisada.

No método espetrométrico, utilizo ácido sulfúrico a 96% ($H_2 SO_4$), ácido ortofosfórico (H3PO4) e uma solução de 2,6-dimetilfenol em ácido acético (as soluções de ácido sulfúrico e de ácido ortofosfórico são misturadas na proporção de 1:1 e 0,12 g de 2,6-dimetilfenol são dissolvidos em 100 ml de solução de vinagre a 100%. Ambas as misturas são armazenadas em frascos de vidro).

Para determinar os iões nitrato na melancia, adicionam-se 4 ml de mistura ácida e 0,5 ml de solução de 2,6-dimetilfenol a tubos de análise de vidro, misturam-se e, em seguida, adicionam-se 0,5 ml da amostra a analisar. Quando a amostra é adicionada à mistura de ácido e 2,6-dimetilfenol, surge uma cor alaranjada e o nitrato na amostra é determinado pelo método espetrométrico de utilização desta cor. A cor laranja resulta da combinação de iões nitrato com 2,4-dimetilfenol devido à presença de ácidos sulfato e ortofosfato, resultando na formação de 2,6-dimetil-4-nitrofenol.

2,6-dimethyl, 4-nitrophenol

Na análise, analisei inicialmente soluções de KNO3 com concentrações de 30mg/l, 50mg/l e 100mg/l como padrão puro. Os resultados das soluções padrão foram iguais a 30,07mg/l, 50,02mg/l e 100,08mg/l (análise espectrofotométrica
foi efectuada a um comprimento de onda de 340 nm).

Determinei que a concentração de iões nitrato no extrato obtido a partir da amostra de melancia era de 91,5 mg/l. Uma vez que utilizei 0,2 gramas de resíduos secos de melancia e 50 ml de ácido acético a 2% na preparação da extração, há uma diluição de 250 vezes dos componentes contidos na melancia. Tendo em conta este facto, o resultado obtido na análise espectrofotométrica deve ser aumentado 250 vezes. Em conclusão, a quantidade total de iões nitrato na melancia é igual a ≈22875mg/kg.

22875 mg é a quantidade de iões nitrato em 1 kg de massa seca de melancia. Acima, o peso da melancia antes da secagem é de 41,04 g e, após a secagem, restam 2,57 g de massa seca. Se definirmos este indicador como uma percentagem:

$$41.04q \quad \square\square \quad 100\%$$
$$2,57q \quad \square\square \quad x\%$$
$$x = 6,3\%$$

A massa do resíduo seco é 6,3% da massa da melancia tomada inicialmente. Tendo em conta que os iões nitrato determinados (22 875 mg/kg) estão contidos em 1 kg de massa seca, os iões nitrato em 1 kg de melancia não seca podem ser determinados da seguinte forma, tomando como referência a massa de melancia antes da secagem..:

$$1000q \text{ (dried mass)} \quad \sqcap\sqcap\sqcap \quad 6,3\%$$
$$x \text{ q (undried mass)} \quad \sqcap\sqcap\sqcap 100\%$$
$$x = 15873q = 15,873kq \text{ wet mass}$$

A partir daqui, pode concluir-se que 1 kg de massa seca corresponde a 15,873 kg de amostra de melancia recolhida para análise. Portanto, 22,875 mg de iões nitrato estão presentes em 15,873 kg de melancia. Aqui pode encontrar os iões nitrato contidos em 1 kg de melancia:

$$15,873kg \text{ watermelon} \quad \sqcap\sqcap \quad 22875mg \text{ nitrate ion}$$
$$1kg \text{ watermelon} \quad \sqcap\sqcap \quad x \text{ mg nitrate ion}$$
$$X = 1441,13mg \text{ nitrate ion}$$

Em conclusão, determinei que 1441,13 miligramas de iões de nitrato estão presentes em 1 quilograma de melancia cultivada num solo com uma quantidade excessiva de fertilizante contendo nitratos. A quantidade de nitrato contida na amostra analisada é várias vezes superior à quantidade de nitrato permitida para a melancia. A quantidade admissível de nitratos para a melancia é de 60 miligramas por quilograma de melancia (60mg/kg). Verificou-se que a quantidade de iões de nitrato na amostra de melancia analisada era 24 vezes superior à norma. Este indicador é muito perigoso para o organismo. Considerando que uma pessoa consome 50-140 mg (ou 40-100 mg) de iões de nitrato através da ingestão de alimentos por dia. Por esta razão, comer a melancia que analisei é muito prejudicial para a saúde.

3.1. Formação de nitrosaminas no organismo. Os nitratos e os nitritos interagem com as 2- aminas presentes no organismo para formar nitrosaminas e óxido nítrico (NO), que são compostos altamente nocivos:

$$R_2NH + HNO_2 \rightarrow \text{amines} + R_2-N-N=O \quad \text{nitrosamines}$$

As nitrosaminas podem surgir da interação de 2-aminoácidos, proteínas com várias substâncias químicas no estômago, bem como pela exposição a bactérias. Os seguintes tipos de nitrosaminas são formados a partir dessas interacções :

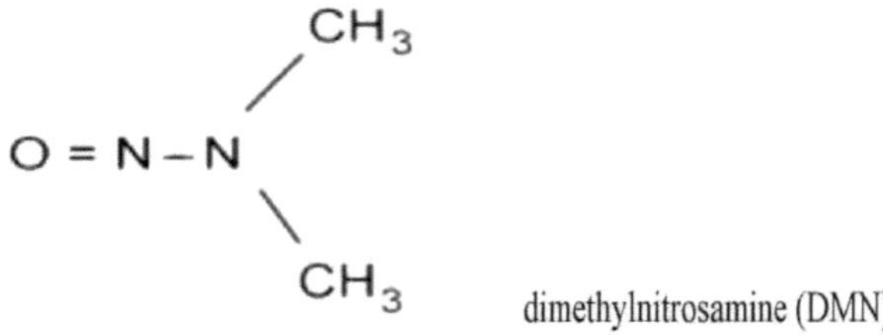

dimethylnitrosamine (DMN)

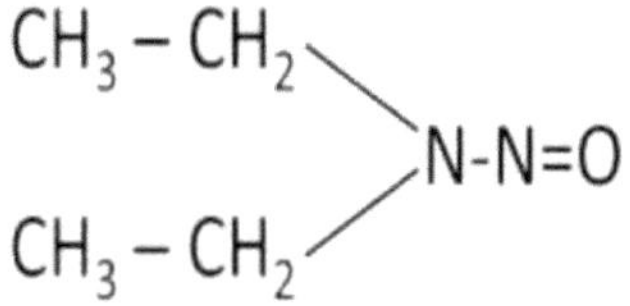

diethylnitrosamine (DEN)

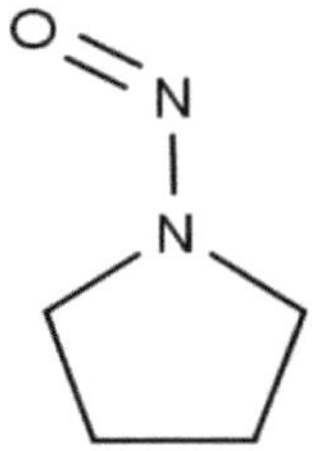

N-nitrosopyrrolidine (NPYR)

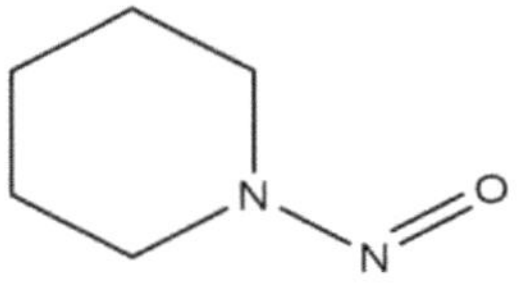

N-nitrosopiperidine

3.2. Alguns perigos das nitrosaminas. As nitrosaminas são compostos altamente cancerígenos porque o óxido nítrico forma radicais livres no sangue e nos tecidos. A razão para a formação destes compostos no corpo é diferente, sendo principalmente causada por várias transformações de compostos como nitratos, nitritos e aminoácidos que entram no corpo durante a ingestão de alimentos. [11], [30], [36]

Quando o corpo é exposto a nitratos ou nitritos, como já foi referido, as moléculas de monóxido de azoto formadas em resultado de vários processos químicos aceitam um eletrão durante os processos de oxidação e formam NO^- - ião nitroxilo e radicais $NO^.$ [12]

Estas partículas inactivas e activas interagem para formar radicais livres que podem ter um efeito tóxico e cancerígeno no organismo:

$$NO^- + NO^{\bullet} \rightarrow ONNO^{\bullet-}$$

$$ONNO^{\bullet-} + NO^{\bullet} \rightarrow N_2O + NO_2^-$$

$$ONNO^{\bullet-} + H^+ \rightarrow N_2O + OH^{\bullet}$$

O NO - ião nitroxilo também interage com o gás oxigénio que entra no corpo durante a respiração para formar peroxinitrito, que é um composto mais nocivo:

$$NO^- + O_2 \rightarrow ONOO^-$$

O peroxinitrito ($ONOO^-$) tem um efeito nocivo direto sobre as proteínas no ambiente de pH do corpo e tem também um efeito tóxico ao formar vários radicais livres numa reação em cadeia.

Uma das razões para a relevância dos malefícios dos alimentos ricos em nitratos hoje em dia é que o radical $NO^{\bullet}$ interage com alguns iões metálicos presentes no corpo e tem efeitos negativos no organismo. Assim, o radical $NO^{\bullet}$ interage com o ferro no estado de oxidação 2+ contido na proteína globina presente no sangue, fazendo com que o ferro passe para o estado de oxidação 3+:

$$Fe^{2+} + NO^{\bullet} \rightarrow Fe^{3+} + NO$$

O composto em que o ferro na hemoglobina muda de um estado de oxidação positivo de dois para um estado de oxidação positivo de três é chamado metemoglobina. Na metemoglobina, o ferro atingiu o grau máximo de oxidação, fazendo com que perca a sua capacidade de transportar oxigénio.

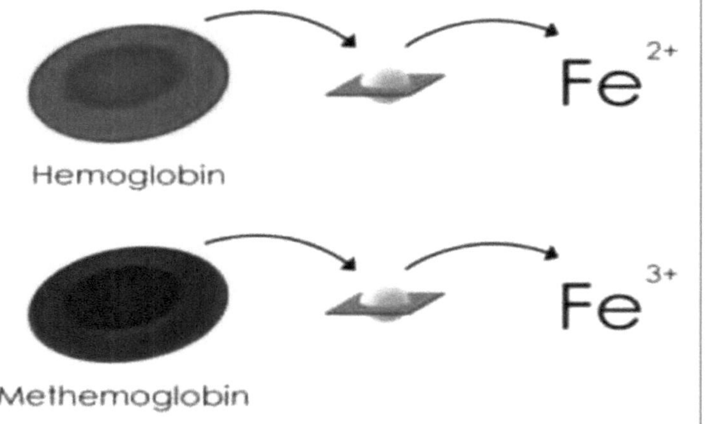

Figura 4. Oxidação do ferro nos graus de hemoglobina e metemoglobina.

A partir dos pontos acima mencionados, pode concluir-se que quanto mais exposta uma pessoa estiver a alimentos com nitratos e nitritos, o processo de transporte de oxigénio no sangue será perturbado. Normalmente, a metemoglobina representa 2% da quantidade total de hemoglobina num corpo humano saudável. No entanto, em organismos expostos a nitratos, esta percentagem é mais elevada e pode ocorrer metemoglobinemia. Nessa altura, pode observar sinais de fraqueza, aumento do ritmo cardíaco, descoloração, etc. Se a percentagem de metemoglobina no sangue atingir 50% da hemoglobina total, pode provocar a morte. [33]

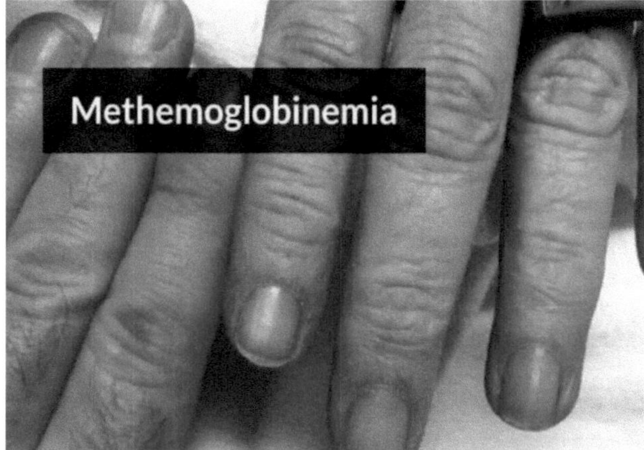

Figura 5. Um sinal de metemoglobinémia.

Para além disso, as nitrosaminas têm um efeito negativo no ácido desoxirribonucleico (ADN) do organismo, provocando-lhe várias mutações.

Os efeitos nocivos do uso excessivo de adubos contendo nitratos não se limitam aos danos causados ao organismo humano, mas também provocam o crescimento excessivo dos órgãos vegetativos da planta e perturbam os processos fisiológicos que nela ocorrem. Provoca uma redução da vitamina C, do açúcar e do valor biológico do produto obtido de outra planta.

A utilização incorrecta de nitratos sob a forma de fertilizantes não só afecta a saúde humana e a qualidade da produtividade das plantas, como também conduz à contaminação do solo e das reservas de água potável com nitratos.

Os efeitos negativos dos nitratos no corpo humano não se verificam apenas através dos fertilizantes. Os nitratos e os nitritos são também utilizados para aumentar a cor e a data de validade dos produtos de carne embalados (salsichas, linguiças, etc.). As nitrosaminas também estão presentes nos pesticidas. Os pesticidas são utilizados para controlar as pragas agrícolas. Se não forem utilizados corretamente, podem causar graves danos à saúde humana. Os pesticidas têm efeitos tóxicos no organismo. Ao comprar alimentos embalados, seria adequado determinar se estes compostos estão presentes (E249 - nitrito de sódio, E250 - nitrito de potássio, E251 - nitrato de sódio, E252 - nitrato de potássio).

Para evitar os problemas acima mencionados, é necessário adotar hábitos alimentares saudáveis, utilizar apenas alimentos naturais e não utilizar alimentos com nitritos e nitratos com prazo de validade prolongado. Estudos demonstraram que a ingestão de vitamina C (ácido ascórbico e ascorbato de sódio) reduz a formação de nitrosaminas no organismo, especialmente a dimetilnitrosamina e a nitrosopirrolidina.

A partir da investigação realizada, conclui-se que se a fertilização for efectuada a um nível excessivo antes da plantação da planta no terreno destinado à plantação da planta, ou se for dada à planta uma quantidade de fertilizante superior à necessária durante o seu desenvolvimento, ocorrerão os problemas acima referidos.

Para evitar tais problemas, é necessário prestar especial atenção à composição química do solo e da água utilizada para a irrigação, bem como às necessidades de fertilizantes da planta plantada.

4. Efeitos tóxicos dos metais pesados no corpo humano.

4.1 Causas da exposição do corpo a metais pesados.

O corpo humano está exposto a metais pesados de várias formas, o que resulta no aparecimento de vários efeitos negativos. A principal razão para a introdução de metais pesados no corpo humano é a contaminação excessiva da água potável com metais pesados. Para evitar esta situação, a composição da água potável deve ser especialmente controlada e a quantidade de metais pesados no seu conteúdo não deve exceder o limite de concentração admissível.

Uma das razões para a introdução de metais pesados no organismo é a ingestão de medicamentos que contêm estes metais, o tabagismo, o consumo excessivo de marisco, etc. Para além do corpo humano, a contaminação do solo com metais pesados é causada pela presença destes metais nos adubos dados às plantas para diversos fins. Assim, durante o processo de produção do adubo, os metais pesados presentes nas matérias-primas entram na composição do adubo, que por sua vez polui o solo. Por exemplo, cerca de um quilograma de adubo de superfosfato contém 50-170 miligramas de cádmio, 7-92 miligramas de chumbo, 0-9 miligramas de cobalto e 66-243 miligramas de crómio. Estes elementos também podem entrar no corpo humano através dos alimentos. [14], [35]

Os malefícios do tabaco são muitos. Uma das razões é a presença de arsénico, cádmio e chumbo na sua composição. Ao fumar, estes metais entram no organismo e têm um efeito tóxico.

Para além dos metais pesados, existem compostos que prejudicam substâncias como o ácido cianídrico, o metanol, o amoníaco, etc., que são eficazes no tabagismo. Por conseguinte, abster-se de utilizar substâncias nocivas como os cigarros é muito benéfico para a saúde.

Em resultado da descarga de resíduos e esgotos contendo elevadas quantidades de metais pesados nos mares e rios, os organismos que aí se encontram são expostos aos efeitos tóxicos dos metais pesados. Como resultado, os seres humanos, que fazem parte da cadeia alimentar, são expostos a metais pesados ao alimentarem-se dessas criaturas. Os metais pesados presentes nas águas dos rios e do mar entram no corpo dos peixes a partir da cavidade oral, através do sistema digestivo, da superfície da pele e das guelras. Um grande número de criaturas aquáticas está presente na nossa alimentação. Quando utiliza peixes e outras criaturas aquáticas como alimento, é melhor certificar-se de que estão em água limpa e não os adicionar à sua dieta diariamente (é melhor utilizá-los várias vezes por semana)...

O teor de metais pesados na água potável, que é a nossa fonte de vida, deve ser objeto de um controlo especial. A quantidade de metais pesados na água potável deve ser determinada regularmente por análise química e deve ser assegurada uma quantidade que não prejudique a saúde humana .

Para evitar este problema, é necessário preservar os mares, os lagos e os rios ecologicamente limpos. Porque se as bacias hidrográficas estiverem poluídas, isso leva à contaminação dos seres vivos, da água potável e do solo com metais pesados. Quando o solo está poluído com metais pesados, os frutos e legumes que aí crescem e se desenvolvem também são afectados pela poluição. Todas estas poluições conduzem, em última análise, à introdução de metais pesados no corpo humano. [20]

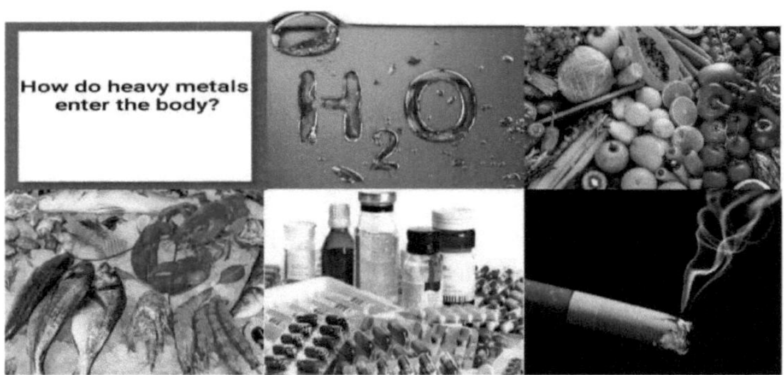

Figura 6. Formas de penetração dos metais pesados no organismo.

O impacto dos metais pesados na saúde humana é multifacetado. Este efeito pode ocorrer independentemente de factores antropogénicos e humanos. Os metais pesados presentes na água potável e nos alimentos podem prejudicar diretamente a saúde humana. Em geral, é impossível que os metais pesados entrem no corpo humano. No entanto, os seus efeitos podem ser crónicos e tóxicos, dependendo da quantidade que entra no organismo. Os principais grupos de metais pesados que afectam a saúde humana são o mercúrio (Hg), o arsénio (As), o chumbo (Pb), o cádmio (Cd) e o crómio (Cr). [56]

Quando os metais pesados entram no organismo em doses baixas, mas regularmente, embora inicialmente não haja efeitos adversos, depois de um certo limite, manifesta-se com quaisquer sintomas (por exemplo, fraqueza, qualquer ansiedade que surja no sistema nervoso, sonolência ou insónia, o intelectual pode manifestar-se com sintomas como fraqueza, etc.). A ingestão única destes metais manifesta-se com sintomas mais graves (por exemplo, insuficiência renal, diarreia com sangue nos intestinos, etc.) dependendo do nível de efeitos tóxicos dos metais e uma quantidade muito elevada de envenenamento pode resultar em morte.

4.2 Formas de proteção do organismo humano contra os efeitos tóxicos dos metais pesados.

Depois de entrarem no organismo, os metais pesados produzem efeitos tóxicos, gerando espécies reactivas de oxigénio (ERO) e espécies reactivas de azoto (ERN), enfraquecendo a atividade das enzimas e o sistema de defesa antioxidante. Espécies reactivas de oxigénio: moléculas que contêm pelo menos um átomo de oxigénio e um eletrão não emparelhado. Assim, quando o arsénio entra no corpo de alguma forma, forma óxido nítrico (NO·), radical peroxilo (ROO·), superóxido e radicais de oxigénio e, como resultado, aumenta a quantidade de ROS e RNS. Consequentemente, as proteínas, os lípidos, os órgãos e os tecidos e, sobretudo, o ADN são danificados e o mecanismo antioxidante do organismo fica muito enfraquecido. Para enfraquecer os efeitos tóxicos dos metais pesados, é necessário reforçar o efeito antioxidante do organismo. [26], [40], [58]

Há duas formas de o fazer:

1. Método fermentativo

2. Método não enzimático

As enzimas que enfraquecem os efeitos tóxicos no organismo são as seguintes (método enzimático):

1. Enzima Superoxide Dismutase (SOD) (superóxido dismutase): decompõe os radicais superóxidos presentes no organismo e produz peróxido de hidrogénio e moléculas de oxigénio. Deste modo, os radicais que podem danificar os tecidos e as células são destruídos.

2. Enzima catalase sanguínea: converte o composto de peróxido de hidrogénio resultante de vários processos tóxicos em moléculas de água e de oxigénio.

3. Enzima Glutathione Peroxidase (GPx) (glutationa peroxidase): converte o peróxido de hidrogénio (H_2O_2) em água, o peróxido de lípidos (LOOH) em água e o álcool correspondente através do tripeptídeo reduzido de glutationa (GSH) sob a forma de sulfureto, elimina o efeito oxidante provocado pelos metais pesados.

$$H_2O_2 + GSH \rightarrow H_2O + GSSH$$
$$LOOH + GSH \rightarrow H_2O + GSSH + LOH$$

GSSH - O glutatião reduzido é a forma dissulfureto do tripeptídeo.

LOH é uma molécula de álcool, que corresponde ao lípido LOOH.

4. 4. Enzima das peroxirredoxinas (peroxirredoxinas): elimina os efeitos nocivos do peróxido de hidrogénio e de outros peróxidos, adicionando-lhe grupos tiol (-SH).

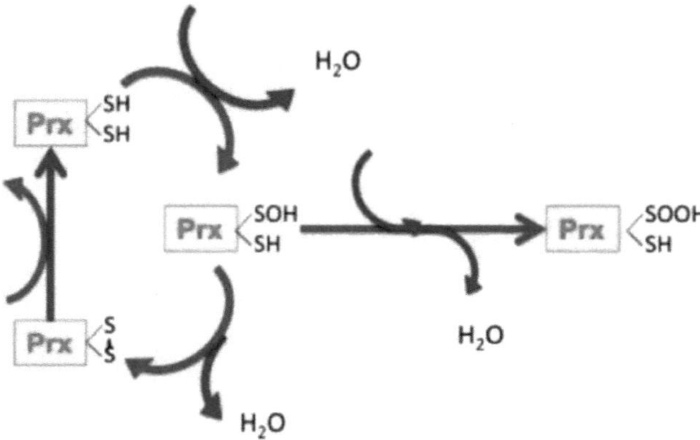

Figura 7. Processos que ocorrem nos grupos tiol das peroxirredoxinas.

5. Enzima Glutathione Reductase (GR) (glutatião redutase): regula a relação entre o glutatião sob a forma de dissulfureto (GSSG) e o glutatião reduzido sob a forma de sulfureto, combatendo simultaneamente os efeitos oxidantes no organismo.
6. Enzimas que contêm selénio: muito importante para o organismo como agente antioxidante.
7. Enzimas do citocromo P450 (enzimas do citocromo P450): estas enzimas desintoxicam os metais pesados presentes nas substâncias, transformando-os em compostos mais inofensivos.

Para além destes, os compostos não enzimáticos também têm um efeito antioxidante sobre o efeito oxidativo causado pelos metais pesados no organismo. Estes compostos são os seguintes:

1. Glutatião (γ-glutamil-cisteinil-glicina): é uma molécula tripeptídica que actua como antioxidante no organismo ligando a si os metais pesados. O glutatião (GSH) também é formado durante a atividade de algumas enzimas e desempenha uma função antioxidante.

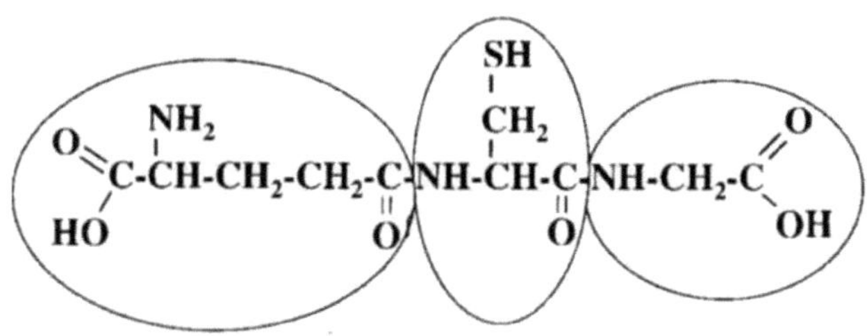

γ-glutamyl   **cysteinyl**   **glycine**

2. Vitamina E (α-Tocoferol): por ser um composto oleossolúvel, protege a célula

dos efeitos oxidativos, decompondo o radical peroxilo como solução nos lípidos.

3. Vitamina C (ácido ascórbico): é uma vitamina hidrossolúvel. A molécula de ácido ascórbico

O ácido ascórbico é estável e tem a capacidade de transmitir electrões. Graças a esta propriedade, o ácido ascórbico neutraliza os radicais peróxidos e superóxidos. Tem a capacidade de neutralizar as espécies reactivas de oxigénio no organismo, aumentar a quantidade de GSH e de vitamina E.

4. Selénio (Se): O selénio, um elemento importante para a vida, protege o corpo da

efeitos oxidantes dos metais pesados como elemento antioxidante.

A forma mais eficaz de o organismo combater os efeitos tóxicos dos metais pesados é a sua capacidade antioxidante. Para manter a capacidade antioxidante a um nível elevado, é necessário prestar especial atenção à presença de compostos vitamínicos e minerais na ração alimentar.

Os metais pesados ligam-se a um grupo específico de enzimas, proteínas, ácidos nucleicos e moléculas de lípidos no corpo. Por exemplo, quando os metais pesados se ligam a enzimas e proteínas, estão normalmente ligados ao seu grupo sulfidrilo (-SH).

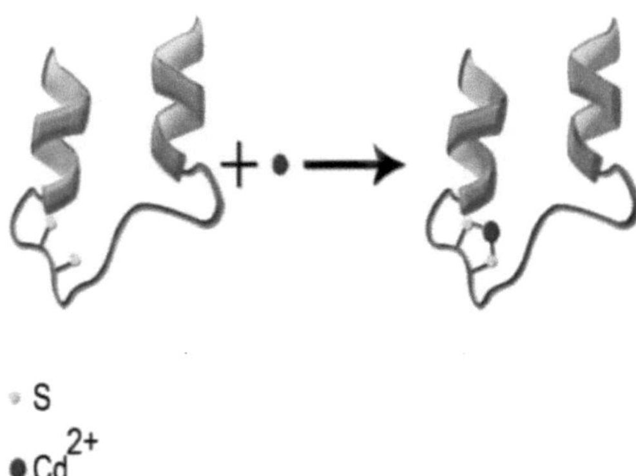

Figura 8. Acoplamento do metal pesado (Cd) ao grupo sulfidrilo (-SH)

4.3. Metais pesados que são mais perigosos para a saúde humana.

De causa antropogénica e não antropogénica, os metais pesados interagem com sítios nucleofílicos de macromoléculas no organismo, resultando na formação de catiões por perda de electrões. Uma vez que os catiões também têm uma elevada reatividade, prejudicam o organismo ao participarem em processos tóxicos. Como já foi referido, o mercúrio (Hg), o arsénio (As), o chumbo (Pb), o cádmio (Cd) e o crómio (Cr) são os principais metais pesados que têm um efeito negativo na saúde. [53]

4.3.1 Efeitos tóxicos do mercúrio (Hg) no corpo humano: o mercúrio pode entrar no corpo como metal livre, como compostos inorgânicos (compostos de Hg+, Hg2+) e como compostos orgânicos (compostos de CH3Hg, C2H5Hg). O mercúrio metálico é líquido à temperatura ambiente e pode evaporar-se rapidamente para o ambiente. Ao respirar os vapores de mercúrio, este passa rapidamente dos pulmões para o sangue e pode também atravessar as barreiras cerebrais e placentárias. O contacto excessivo com o mercúrio na sua forma metálica também pode ser fatal, o que significa que o estado de vapor do metal é mais tóxico do que o seu estado líquido. O mercúrio torna-se extremamente tóxico em compostos orgânicos. Assim, o composto orgânico de mercúrio (CH3Hg) absorvido pelo sistema digestivo passa para o sangue. A capacidade deste composto de atravessar as barreiras cerebrais e placentárias é possível quando combinado com moléculas como a cisteína (CH3- Hg - Cys). [2], [8], [15], [42], [45]

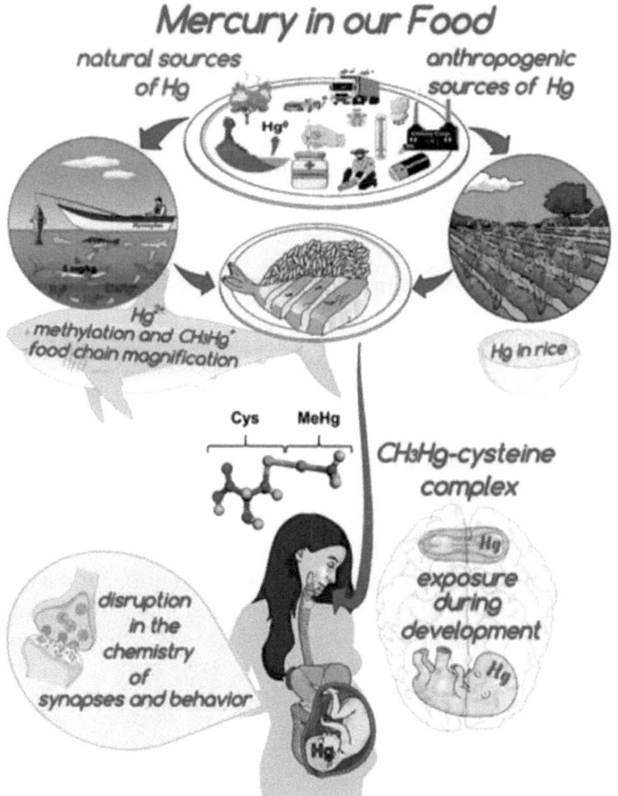

Figura 9. Entrada de mercúrio no corpo.

Em geral, os efeitos tóxicos do mercúrio e dos seus compostos no organismo podem ser enumerados pela seguinte ordem:

$$CH_3^-Hg > Hg^+ > Hg^{2+} > Hg^0$$

Os compostos de metilmercúrio e etilmercúrio estão presentes em fungicidas utilizados na agricultura para matar bactérias e fungos. O sal de cloreto de mercúrio (2), um composto inorgânico de mercúrio, está também presente em muitos cremes de branqueamento da pele e antipigmentação no domínio da cosmetologia.

Os seres humanos estão expostos ao mercúrio quando comem organismos aquáticos que fazem parte da cadeia alimentar. Por conseguinte, por muito úteis que os peixes e outras criaturas aquáticas sejam para o organismo, tendo em conta a presença de metais pesados no seu conteúdo, não é muito correto adicionar estes alimentos à ração alimentar todos os dias.

Quando exposta aos efeitos tóxicos do Hg numa base regular, uma pessoa experimenta vários problemas no sistema nervoso, dificuldade em mastigar e engolir, dores musculares e fraqueza. A exposição ao mercúrio durante a gravidez pode causar defeitos congénitos no feto. [17]

1.3.2 Efeitos tóxicos do arsénio (As) no corpo humano: O arsénio, um metal pesado, e os seus compostos orgânicos e inorgânicos são altamente tóxicos. Os compostos inorgânicos de arsénio têm um efeito mais tóxico no organismo do que os seus compostos orgânicos. Pode entrar no organismo através de alimentos e água contaminados com arsénio. Entre os seus compostos, o mais forte em termos de toxicidade é o composto arsina (AsH3) formado pelo arsénio com o hidrogénio. [6]

A exposição humana ao arsénio e aos seus congéneres ocorre através de vias persistentes, incluindo causas profissionais, água potável, poluição atmosférica, tabagismo, cosméticos e produtos utilizados no desenvolvimento de frutos e legumes. O mais importante e mais estudado destes factores é a contaminação por arsénio da água potável. Para ultrapassar este problema, os organismos de ajuda de cada país devem controlar a proteção das águas interiores. [5], [22]

Figura 10. Causas de exposição do corpo humano ao arsénio.

O arsénio e os seus vários compostos podem entrar no organismo através do sistema digestivo, do sistema respiratório e da pele. Ao contrário do mercúrio, os compostos inorgânicos de arsénio são mais tóxicos. Um organismo exposto ao arsénio e aos seus compostos pode causar vários tipos de cancro (principalmente tumores malignos do pulmão, da pele, da bexiga, do fígado e dos rins), perturbações neurológicas, doenças do sistema nervoso, nível de QI, perturbações da memória, danos no ADN. A causa da toxicidade aguda e crónica causada pelo arsénio no organismo está relacionada com a sua perturbação das funções das enzimas vitais. O arsénio, tal como a maioria dos metais pesados, liga-se ao grupo sulfidrilo (-SH) das enzimas. A molécula da enzima, que liga o metal pesado a si própria, não pode desempenhar a sua função e, consequentemente, a integridade do organismo é perturbada. [23]

Depois de o arsénio e os seus compostos serem absorvidos pelo sangue, atravessam facilmente a barreira cerebral e causam vários problemas e perturbações neurológicas. Como o arsénio perturba os princípios de funcionamento das enzimas no cérebro, as espécies reactivas de oxigénio (ROS) aumentam no cérebro. Como as células cerebrais também são sensíveis, estão expostas aos efeitos negativos do arsénio. O arsénio não só tem um efeito negativo nas enzimas do cérebro, como também se acumula em diferentes partes do cérebro. Acumula-se principalmente no striatum e no hipocampo do cérebro. Como resultado, surgem vários problemas neurológicos.

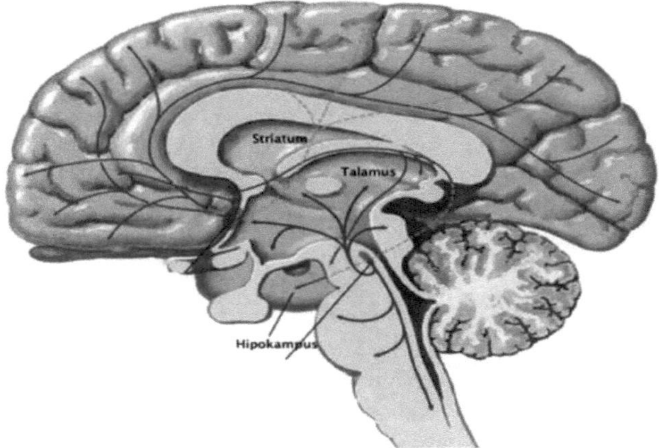

Figura 11. O striatum e o hipocampo, partes do cérebro.

As funções desempenhadas pelo striatum incluem o planeamento motor, a tomada de decisões e a motivação. O hipocampo é chamado o centro da memória nos seres humanos. Assegura que os acontecimentos que vivemos passem de uma memória de curto prazo para uma memória de longo prazo, bem como a orientação, o toque, etc. inclui comportamentos importantes como A acumulação de arsénico nestas partes do cérebro pode levar à perturbação das funções acima referidas. Os danos no centro do hipocampo podem também conduzir à doença de Alzheimer. Neste caso, a acumulação de arsénio no hipocampo e a perturbação da sua função podem também causar esta doença. [28]

O arsénio, tal como outros metais pesados, liga-se às enzimas e perturba o seu funcionamento. O arsénio também se liga ao ácido lipóico. O ácido lipóico está naturalmente presente no organismo e actua como um mecanismo antioxidante no fígado. Apoia igualmente o princípio de funcionamento do glutatião, juntamente com as vitaminas C e E.

lipoic acid

O ácido lipóico encontra-se naturalmente no organismo e desempenha muitas funções importantes. Esta molécula desempenha um papel importante na troca de energia a nível celular. Desempenha igualmente um papel importante no reforço do sistema imunitário e das funções hepáticas, actuando como antioxidante.

Efeito neurotóxico do arsénio. O arsénio afecta os neurotransmissores presentes no sistema nervoso. Os neurotransmissores são substâncias químicas que facilitam a comunicação entre neurónios ou entre neurónios e outras células nervosas. Os sinais transmitidos ao longo do sistema nervoso são retransmitidos através de neurotransmissores. Os efeitos tóxicos nos neurotransmissores perturbam os seus processos e princípios de funcionamento, conduzindo a problemas neurológicos graves e a doenças do sistema nervoso. Os neurotransmissores incluem a serotonina, a dopamina, a noradrenalina, o GABA, a acetilcolina, o glutamato e as endorfinas.

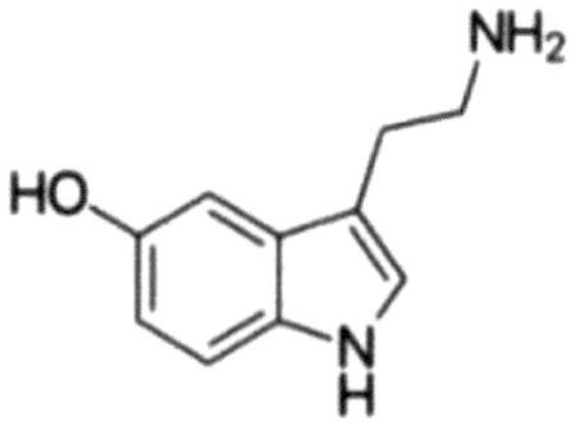

Seratonin

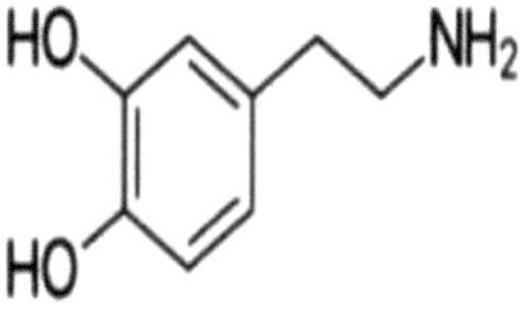

Dopamine

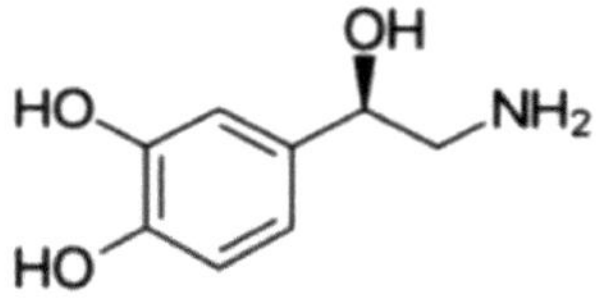

Noradrenaline

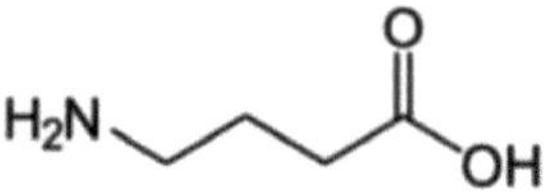

GABA

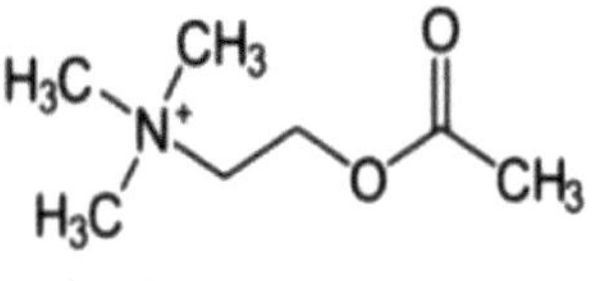

Acetilcholine

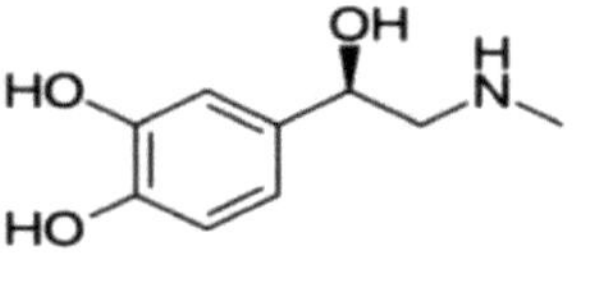

Endorphines

A serotonina é um neurotransmissor que contribui para a regulação do humor e ajuda nos ciclos de sono e na digestão.

A dopamina estimula a parte do prazer, a motivação, o movimento e as capacidades, como o desporto.

A noradrenalina tem um impacto significativo na atenção e nas reacções de resposta, provocando também a constrição das paredes dos vasos sanguíneos.

O GABA é outro neurotransmissor importante, conhecido como neurotransmissor inibitório. Acalma os nervos hiperactivos do sistema nervoso central (SNC), promove o relaxamento do sistema nervoso, aumenta a atenção e melhora as capacidades motoras e visuais.

A acetilcolina melhora a aprendizagem, a memória, as capacidades intelectuais e a função muscular.

O glutamato é o neurotransmissor mais abundante no sistema nervoso, também conhecido como neurotransmissor da memória. Reforça as ligações nervosas e melhora as capacidades de aprendizagem e de memória.

As endorfinas são os analgésicos naturais do corpo e contribuem para que se sinta melhor e mais feliz. Praticar actividades como correr, fazer exercício, durante a atividade sexual e adotar um estilo de vida mais ativo aumenta os níveis deste neurotransmissor.

O arsénico perturba o funcionamento dos neurotransmissores e as funções que estes desempenham, apresentando efeitos tóxicos nas funções dos neurotransmissores acima mencionados, o que é altamente prejudicial para a saúde e vitalidade humanas.

Via metabólica do arsénio

Uma vez que os compostos inorgânicos de arsénio são mais tóxicos, são submetidos a várias transformações metabólicas no organismo. Se o composto inorgânico de cinco valências do arsénio (As(V)) entrar no organismo, esse composto é afetado pela enzima arsenato redutase. Como resultado da ação da enzima, o arsénio passa do estado de valência V para o estado de valência III (o processo de conversão do arseniato em arsenito). Na fase seguinte, sofre processos metabólicos e desintoxicação no fígado com a participação da S-adenosilmetionina (SAM). A desintoxicação é o processo de neutralização das substâncias tóxicas que entram no organismo. É o processo pelo qual as toxinas deixam o corpo de várias formas (por exemplo, suor, urina, respiração). Em seguida, o composto de arsénio, que é afetado pela arsenito metiltransferase e pela glutationa (GSH), forma o ácido monometilarsónico (MMA III) e o ácido dimetil arsénico (DMAV), que são excretados do corpo através da urina. [49]

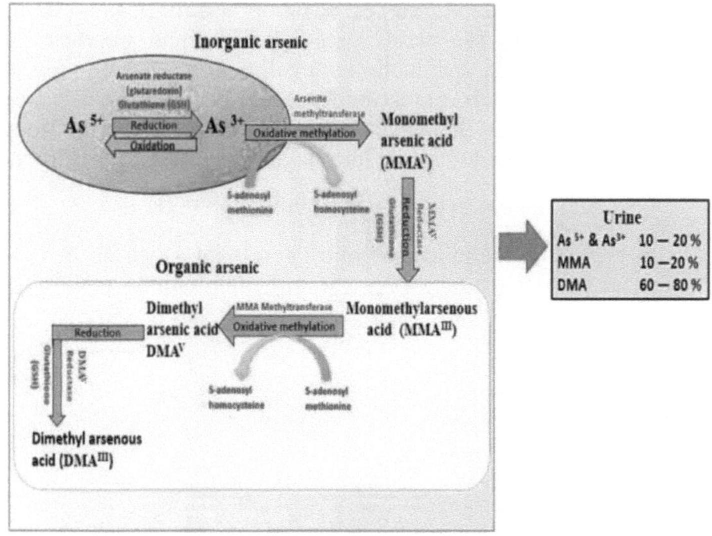

Figura 12. Transformação metabólica dos arseniatos.

4.3.3 Efeitos tóxicos do chumbo (Pb) no corpo humano:

O chumbo também se encontra entre os metais que causam graves danos à saúde. A principal razão para a exposição do homem e da natureza a estes efeitos é a atividade humana. Durante o funcionamento dos veículos, os gases emitidos para a atmosfera, as actividades metalúrgicas, as fábricas que produzem poluentes e a utilização de poluentes e dos seus compostos para diversos fins conduzem à poluição do ambiente. Para além da contaminação direta do solo, os poluentes libertados para a atmosfera também penetram no solo através da precipitação. Como resultado, tanto os frutos e legumes presentes no solo como a água potável estão contaminados com chumbo. O chumbo está também presente em alguns pesticidas utilizados contra determinadas pragas na agricultura. A utilização destes pesticidas também conduz à contaminação dos produtos agrícolas com chumbo. A contaminação do solo, dos frutos e legumes, dos recursos hídricos e da atmosfera com chumbo faz com que o corpo humano fique exposto aos efeitos nocivos deste metal. [25]

O chumbo produz espécies reactivas de oxigénio (ROS) no organismo, tais como peróxido, superóxido, radical livre de oxigénio, etc. Como resultado, o nível de ROS excede o nível do sistema de defesa antioxidante, o que causa danos às células, órgãos e tecidos, e provoca várias doenças. Além disso, tal como outros metais pesados, inibe a sua função enzimática ao formar um composto com enzimas que contêm um grupo sulfidrilo (SH-).

Quando o chumbo entra no corpo, perturba o mecanismo de muitos processos que ocorrem em vários órgãos. O chumbo interfere com o funcionamento correto da enzima aminolevulínica desidratase presente no corpo humano. Um dos processos inibidos pelo chumbo é a formação de porfobilinogénio a partir do ácido aminolevulínico. O porfobilinogénio transformado está envolvido na fase intermédia da síntese da porfirina.

$$2,5\text{-aminolevulin} \leftrightarrow \text{porfobilinogen} + 2H_2O$$

Estes processos bioquímicos contribuem para a ligação dos iões de ferro à proteína globina e para a formação de hemoglobina e mioglobina.

The structure of heme

O chumbo, que entra no organismo por diversas vias, tem um efeito negativo nos processos bioquímicos acima referidos e perturba a sua atividade. Assim, o chumbo impede a desidratase da 2,5-aminolevulina e impede o processo de formação do porfobilinogénio. Como resultado, ocorre a oxidação da hemoglobina e a hemólise dos glóbulos vermelhos. A hemólise é o processo de quebra dos glóbulos vermelhos, que contêm a molécula de hemoglobina responsável pelo transporte de oxigénio, resultando na libertação de hemoglobina da célula. Como resultado do processo, a célula é destruída por danos irreversíveis. Um nível elevado de hemólise pode causar anemia (falta de glóbulos vermelhos).

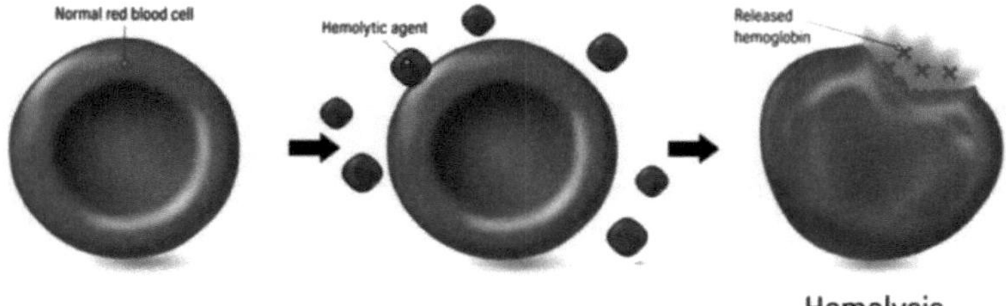

Figura 13. Hemólise da célula eritrocitária presente no sangue.

Este efeito negativo do chumbo provoca anemia e hemólise, encurtando a vida dos eritrócitos no organismo e perturbando o processo de transporte de oxigénio. A razão para o fracasso do processo de conversão do ácido aminolevulínico em porfobilinogénio é o impedimento do funcionamento adequado da enzima ácido aminolevulínico desidratase (ALAD). Além disso, o chumbo não permite que enzimas como a catalase e a superóxido dismutase (SOD) desempenhem corretamente as suas funções.

O ácido aminolevulínico inibe a atividade da enzima desidratase, bem como a atividade da enzima ferroquelatase. A ferroquelatase é uma enzima que suporta a inserção de iões Fe2+ no anel porfirínico. Se a atividade desta enzima for perturbada, a quantidade de ferro na hemoglobina diminui e o processo de transporte de oxigénio enfraquece. [21]

Para além dos efeitos acima referidos, existem outros efeitos negativos do chumbo na saúde humana.

A meia-vida do chumbo que entra no corpo humano por várias vias é de 30 dias. Após este período, o chumbo acumula-se em órgãos como os rins, o cérebro e o fígado. Como os iões Ca2+ presentes no sangue são facilmente substituídos por iões Pb2+, os iões de chumbo presentes no sangue podem atravessar a barreira cerebral. A meia-vida do chumbo no cérebro é de até 3 anos. Por este motivo, o chumbo tem um efeito negativo no cérebro e no sistema nervoso em geral, provocando o enfraquecimento da memória e da atenção, a diminuição dos níveis de QI, alucinações, etc.

A maior parte do chumbo que entra no sangue acumula-se nos rins e no fígado, causando graves danos a ambos os órgãos. O chumbo é considerado nefrotóxico porque prejudica a função renal. O rim é um órgão rico em proteínas. Tal como outros metais pesados, o chumbo reage facilmente com as proteínas e forma compostos com elas (especialmente proteínas com o grupo - SH). Consequentemente, a probabilidade de desenvolver cancro nos rins aumenta.

O chumbo aumenta o nível de ROS no corpo, resultando em danos nas células hepáticas sensíveis por radicais reactivos de oxigénio e efeitos tóxicos no fígado. A acumulação de chumbo no fígado aumenta ainda mais esta toxicidade.

Este metal também mostra os seus efeitos negativos no coração, que é muito importante para uma pessoa. A hipertensão, várias doenças cardiovasculares e acidentes vasculares cerebrais ocorrem devido à influência do chumbo.

Figura 14. Órgãos afectados negativamente pelo chumbo.

Para nos protegermos de todos estes efeitos nocivos, temos de assegurar a limpeza dos alimentos que consumimos e da água que bebemos, e tomar medidas para evitar a contaminação do ambiente, da atmosfera e do solo com chumbo. Caso contrário, surgirão consequências indesejáveis tanto para os seres humanos como para os animais, bem como para o ambiente no seu todo.

4.3.4 Efeitos tóxicos do cádmio (Cd) no corpo humano:

Os compostos de cádmio nocivos para o homem e para o ambiente são compostos 2+. Exemplos de tais sais são o sulfureto de cádmio, o sulfato de cádmio, o carbonato de cádmio e o cloreto de cádmio. Estes compostos ocorrem naturalmente no solo e nos reservatórios de água. Além disso, o cádmio presente na composição dos fertilizantes utilizados para vários fins na agricultura causa poluição do solo. A contaminação do solo com cádmio devido a diferentes causas também expõe os frutos e legumes cultivados no solo à influência deste metal. Se uma pessoa comer frutas e legumes contaminados com cádmio, ficará exposta a efeitos tóxicos através do sistema digestivo. Além disso, o cádmio está presente nos cigarros e, ao fumar, o cádmio espalha-se através do fumo. A presença de cádmio nos reservatórios de água também afecta os animais aquáticos (especialmente os peixes). Quando as pessoas consomem peixe na sua dieta, também são afectadas por esta situação. Foi detectada contaminação por cádmio em cereais, arroz e marisco. Além disso, a indústria metalúrgica causa poluição ambiental com cádmio e outros metais. Ao mesmo tempo, o cádmio também está presente nas pilhas. Por conseguinte, as pilhas não devem ser deitadas diretamente no lixo após a sua utilização. Este é um dos factores de poluição do ambiente. [41]

A investigação mostra que a exposição prolongada ao cádmio é muito suscetível de causar cancro. A doença manifesta-se sobretudo nos pulmões. Além disso, é suficiente detetar tumores na próstata, na mama, no pâncreas e nos rins devido ao efeito tóxico do cádmio. [27], [54] Um dos graves problemas de saúde causados pelo cádmio no corpo humano são as doenças cardiovasculares. É do conhecimento geral que as doenças cardiovasculares e pulmonares causadas pelo tabaco estão diretamente relacionadas com o cádmio metálico presente nos cigarros. [59]

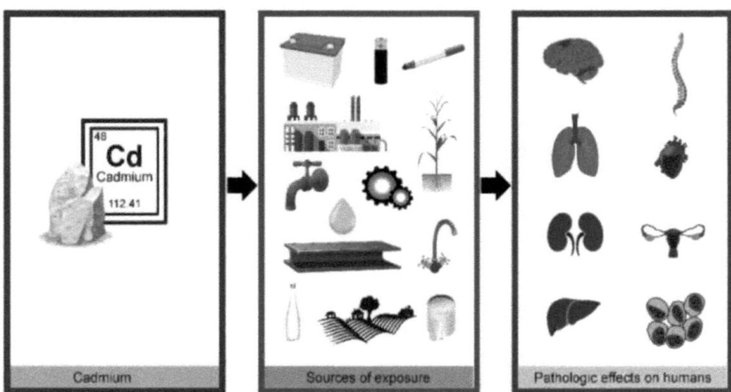

Figura 15. Causas de entrada do cádmio no corpo humano e órgãos affectados pelo seu efeito tóxico.

Como resultado do efeito tóxico do cádmio, a doença itai-itai foi detectada pela primeira vez no Japão. Durante esta doença, ocorrem no corpo humano osteomalácia grave, anemia e perturbações da função renal. Como resultado da disfunção tubular renal, a reabsorção de muitas proteínas é reduzida. Estas proteínas combinam substâncias importantes como o cálcio, o fósforo e a vitamina D. A fraca reabsorção destas proteínas pelo rim durante muito tempo leva a uma diminuição da sua quantidade no organismo, uma vez que são excretadas na urina. Consequentemente, a quantidade de substâncias importantes, como o cálcio, o fósforo e a vitamina D, que estão ligadas às proteínas, diminui no organismo ao longo do tempo. Estes problemas também intensificam a osteomalácia grave, dores ósseas fortes, deformações, fragilidade e suavidade que se formam devido ao enfraquecimento do nível mineral no osso.

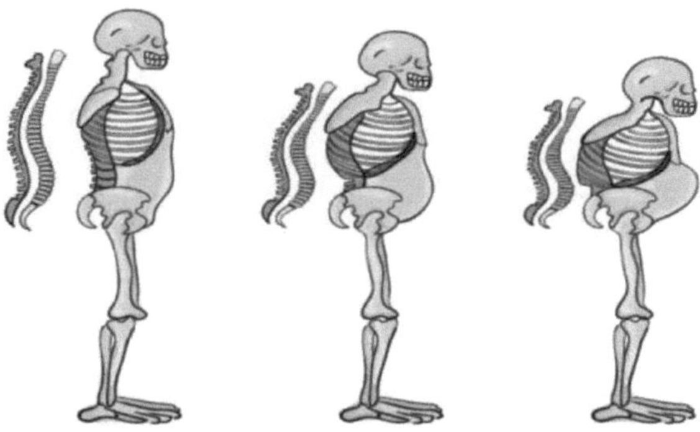

Figura 16. Deformações formadas no corpo durante a doença de Itai-itai.

4.3.5 Efeitos tóxicos do crómio (Cr) no corpo humano:

Os estados de oxidação mais característicos do crómio são +6 e +3. O crómio de ambos os estados de oxidação afecta o organismo de forma diferente. O crómio com um estado de oxidação de +3 é benéfico para o organismo, enquanto o crómio com um estado de oxidação de +6 é muito prejudicial. Por isso, é necessário prestar especial atenção a esta questão para a saúde.

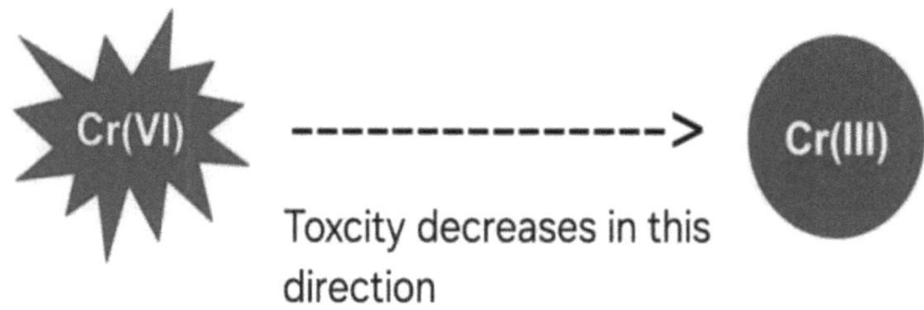

Figura 17. Direção da toxicidade dos compostos de crómio.

O estado 3-valente do crómio tem muitas funções benéficas para o organismo. Assim, o Cr(III) desempenha o papel de um cofator que regula a quantidade de açúcar no sangue. Como resultado, a insulina torna-se mais ativa e regula a quantidade de açúcar no sangue. É mais eficaz em pessoas com níveis relativamente elevados de açúcar no sangue ou com resistência à insulina.

A forma trivalente do crómio é igualmente útil para o metabolismo dos lípidos e das proteínas no organismo. Com efeito, o catião Cr+3 deve formar a cromodulina para aumentar a eficácia da insulina (a cromodulina pode aumentar a eficácia da insulina 5 a 6 vezes). Para que este composto se forme, o catião Cr+3 tem de se ligar aos oligopeptídeos. Este combina quatro aminoácidos: a glicina, a cisteína, o glutamato e o aspartato. Por conseguinte, o crómio tem um efeito positivo no metabolismo dos lípidos e das proteínas.

Considerando todos estes benefícios, é muito importante incluir alimentos que contenham compostos de Cr (III) na nossa dieta diária. Exemplos de alimentos que contêm compostos 3-valentes de crómio incluem trigo, arroz, brócolos, cenouras, feijões, ervilhas, bananas, carne de vaca e ovos. Existem doses diárias de Cr(III) metálico que dependem do organismo e da idade. Esta quantidade é de cerca de 25 mcg para uma mulher de idade média e de 35 mcg para um homem de idade média.

Em contraste com o que precede, a forma 6-valente do crómio (VI) é extremamente prejudicial para a saúde. A investigação mostra que os trabalhadores metalúrgicos e químicos são os mais expostos à forma hexavalente do crómio. Além disso, a razão da exposição ao crómio no domínio não profissional é a contaminação do solo, das plantas agrícolas, da água, dos produtos do mar e do ar com este metal. [29], [60]

O estado de oxidação máximo do crómio está incluído no primeiro grupo de substâncias cancerígenas. A exposição ao crómio, principalmente no processo respiratório, provoca cancro do pulmão. Ao mesmo tempo, a presença de cromatina provoca a formação de tumores malignos nos seios paranasais e na cavidade nasal, na glândula tiroide, na laringe, nos rins, etc., e danos no ADN. [46], [50]

4.4 Conclusão sobre a toxicidade dos metais pesados.

A conclusão geral é que cada metal pesado causa várias complicações e problemas, independentemente da forma como entra no corpo. Cada um deles produz espécies reactivas de oxigénio (ROS) no organismo, enfraquece o sistema de defesa antioxidante, acumula-se em vários órgãos e tecidos durante muitos anos e provoca os seus danos. Por isso, causa problemas e doenças graves. Como resultado, ocorrem anomalias metabólicas, vários tipos de cancro, doenças hormonais, neurológicas, cardiovasculares, renais, gastrointestinais, pulmonares e do sistema respiratório, enfraquecimento do sistema imunitário, alterações no ADN, doença de Alzheimer, etc. [16]

Para evitar estes problemas, é necessário reduzir a zero a exposição do seu organismo aos metais pesados. Para isso, é necessário certificar-se de que a água e os alimentos que bebemos (especialmente marisco e cereais) são quimicamente limpos, não consumir cigarros, manter o ambiente ecologicamente limpo, seguir as regras de segurança a um nível elevado por parte das pessoas que trabalham nas profissões relacionadas com os metais, etc. As pessoas mais expostas aos efeitos tóxicos dos metais pesados são as que exercem esta atividade profissional (pessoas que trabalham na produção de aço, ferro fundido, metalurgia, alumínio, processamento de ouro, etc.). As pessoas que pertencem a este grupo de risco devem prestar especial atenção às regras de segurança no processo de trabalho, utilizar equipamento de proteção e manter a sua saúde sob controlo constante. Além disso, estas instalações industriais devem funcionar o mais longe possível do seu local de residência. Porque tanto o ar atmosférico como o ambiente do solo da área circundante podem ser fortemente poluídos durante o processo de produção. Ao mesmo tempo, as águas residuais da instalação industrial podem expor o solo e a água potável à poluição por metais pesados em resultado de fugas. Como resultado, os metais pesados presentes no solo são transferidos para as frutas e legumes aí plantados. Os seres humanos também estão expostos aos efeitos tóxicos dos metais pesados ao comerem esses frutos e legumes e ao beberem água contaminada.

5. Efeitos tóxicos no organismo dos pesticidas utilizados na agricultura.

Os fertilizantes de composição diferente são utilizados na agricultura com o objetivo de aumentar a produtividade da agricultura, melhorar o crescimento e o desenvolvimento da planta. Mas esta não é a única forma de obter um rendimento elevado. Para que a planta se desenvolva bem, é necessário protegê-la das pragas. Tanto os insectos nocivos como as bactérias, os vírus e os fungos que causam várias doenças reduzem grandemente a produtividade das plantas. Para evitar estes problemas, são utilizados pesticidas nas explorações agrícolas. Em média, cerca de 30% das culturas agrícolas são destruídas por pragas se não forem utilizados pesticidas. Trata-se de uma perda muito elevada. Por esta razão, a procura da utilização de pesticidas é excessiva. No entanto, apesar do lado positivo, estes compostos também têm lados negativos, por vezes não podem ser selectivos e durante a sua utilização destroem não só insectos e bactérias nocivos, mas também organismos benéficos. Os pesticidas também se tornam parte da cadeia alimentar e têm efeitos nocivos no corpo humano. [3], [44]

A razão para o efeito tóxico dos pesticidas no corpo humano é a agricultura. Os pesticidas são utilizados principalmente para combater e destruir insectos, parasitas, bactérias e fungos, ervas daninhas, etc., que prejudicam a agricultura. Por muito positivo que isto seja para os seres vivos, há alguns aspectos negativos para os seres humanos e para o ambiente. Assim, uma certa parte dos pesticidas utilizados para diferentes fins é absorvida pela planta. A restante parte é absorvida pelo solo ou evapora-se na atmosfera. A parte que se evapora para a atmosfera regressa ao solo sob a forma de precipitação. A parte que entra no solo leva à poluição por pesticidas das fontes de água subterrânea e potável.

A maioria dos pesticidas tem um efeito tóxico no corpo humano. A exposição mais significativa ocorre nos indivíduos envolvidos na produção de pesticidas e nos agricultores que aplicam estes pesticidas nas culturas. Para minimizar a exposição aos pesticidas nestes indivíduos, é necessário utilizar vestuário de proteção especial e máscaras durante o contacto.

Os pesticidas aplicados a partir do estrangeiro também estão presentes na composição dos frutos e dos legumes, que, ao serem consumidos, entram no corpo humano. Outra via de exposição aos pesticidas é através da água potável. Ao alimentar o gado com plantas contaminadas com pesticidas, estas substâncias passam para o seu leite e entram indiretamente no corpo humano. Também é possível encontrar resíduos de pesticidas em sumos de fruta, alimentos prontos a embalar e alimentos para animais.

Em geral, os pesticidas têm efeitos tóxicos no corpo humano, penetrando através da pele, do sistema digestivo e do sistema respiratório.

Depois de entrarem no corpo, sofrem várias transformações químicas e causam danos graves nos órgãos e tecidos. Como resultado, surgem perturbações no sistema endócrino, causando graves alterações no sistema reprodutor das mulheres e dos homens, bem como doenças no trato gastrointestinal, no sistema nervoso, no sistema respiratório, na pele, etc. [37]

5.1. Efeitos tóxicos no organismo dos pesticidas utilizados na agricultura

As composições químicas dos pesticidas utilizados para diferentes fins também são diferentes.

Os compostos mais utilizados são os seguintes:

1. Compostos orgânicos clorados (organoclorados),
2. Organofosforados,
3. Carbamatos,
4. Piretróides,
5. Revistas, etc.

Pesticidas organoclorados:

a. O diclorodifeniltricloroetano (DDT) é o pesticida mais comum com teor de cloro orgânico. É utilizado para matar insectos nocivos. Este composto não pode ser decomposto biologicamente, pelo que causa poluição da camada do solo, do ar, da água e dos alimentos. A sua utilização é limitada porque causa graves danos ao ambiente. Para além disso, tem efeitos negativos nos seres vivos. Os cloros orgânicos combinam-se com os lípidos e os tecidos gordos dos seres vivos (animais, pessoas) e criam um efeito tóxico. [47]

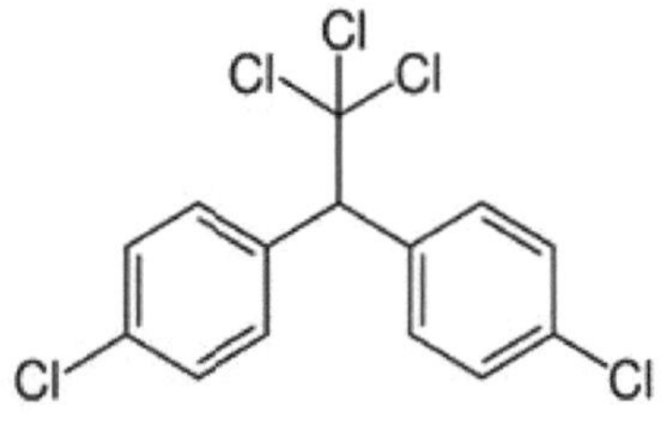

Dichlorodiphenyltrichloroethane ($C_{14}H_9Cl_5$)

b. Outro pesticida organoclorado é o composto hexaclorociclohexano. A produção deste pesticida também é proibida na maioria dos países desenvolvidos.

O hexaclorociclohexano é considerado um poluente orgânico, tem um impacto negativo no ambiente, no solo e na água. Também tem um efeito tóxico no corpo humano. Em particular, tem propriedades neurotóxicas. Pode causar as síndromes de Alzheimer e de Parkinson, além de provocar um aumento do stress oxidativo no organismo.

Hexachlorocyclohexane ($C_6H_6Cl_6$)

c. A aldrina está incluída neste grupo de pesticidas. A sua fórmula química é $C\,H_{128}\,Cl_6$. Este composto também tem um efeito neurotóxico no organismo. A principal causa dos efeitos negativos da aldrina no sistema nervoso está relacionada com a sua inibição da atividade do ácido gama-aminobutírico (GABA). Este ácido é um neurotransmissor presente no sistema nervoso e desempenha funções importantes. Este neurotransmissor impede a excitação dos neurónios, abrandando relativamente a transmissão dos impulsos nervosos. Como mecanismo, o GABA e o glutamato são considerados neurotransmissores opostos. O GABA tem um efeito depressor no sistema nervoso, enquanto o glutamato tem um efeito excitatório. Para o bom funcionamento do sistema nervoso, a quantidade de ambos os neurotransmissores deve estar num certo equilíbrio entre si, caso contrário podem ocorrer vários problemas.

Uma diminuição da quantidade do neurotransmissor GABA leva a muitas perturbações neurológicas e psiquiátricas. Exemplos disso são a depressão grave, a esquizofrenia e o autismo.

d. O endossulfão ($C\,H_{96}\,Cl\,O_{62}\,S$) também está incluído no grupo dos compostos organoclorados. Este composto é também considerado um poluente ambiental e a sua utilização foi proibida na maioria dos países. Também tem efeitos tóxicos quando entra no corpo humano. Foi determinado que tem efeitos negativos sobre o sistema endócrino e o sistema nervoso.

2. Organofosforados

A maioria dos pesticidas organofosforados são compostos altamente tóxicos. Tem sobretudo propriedades neurotóxicas. É um **inseticida dimetoato** com teor de organofosforado muito utilizado na agricultura. Tem um efeito especial contra roedores e insectos sugadores, carraças.

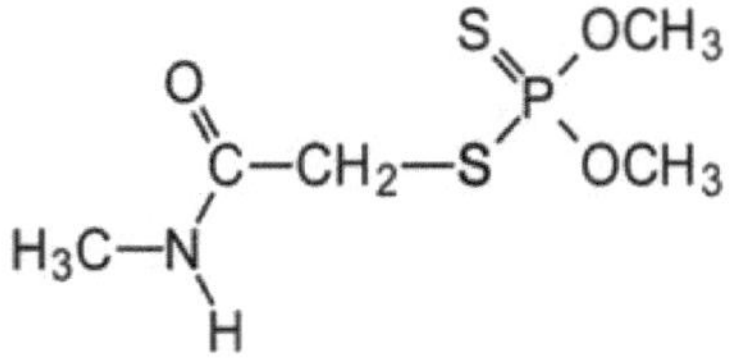

Dimetoat (O,O-Dimethyl S-[2-(methylamino)-2-oxoethyl] phosphorodithioate

Quando utilizados regularmente contra as pragas, os frutos e os legumes são contaminados com este pesticida e entram no corpo humano durante a alimentação. Quando o pesticida dimetoato entra continuamente no corpo humano através dos alimentos, produz um efeito tóxico.

Um dos efeitos tóxicos do dematoatoato no organismo é perturbar o mecanismo de ação da acetilcolinesterase. A acetilcolinesterase (AChE) é uma enzima biologicamente ativa. Desempenha uma importante função vital. Esta enzima efectua a hidrólise da acetilcolina.

$$(CH_3)_3NC_2H_4{-}COOCH_3 + H_2O \leftrightarrow (CH_3)_3NC_2H_4OH + CH_3COOH$$
acetylcholine   AChE   choline   acetic acid

A acetilcolina é um importante neurotransmissor. Este neurotransmissor está presente nas terminações nervosas e transmite os impulsos nervosos de uma célula nervosa para outra. A enzima acetilcolinesterase regula a quantidade e a atividade da acetilcolina.

Os pesticidas organofosforados, clorados e carbonatados, como o dematoato, têm um efeito negativo no sistema nervoso. O mecanismo tóxico deste tipo de compostos é sintetizado nas junções dos músculos e dos nervos, e o principal princípio de funcionamento é bloquear a transmissão de impulsos nervosos para outras células nervosas ou músculos.

É produzido um excesso de acetilcolina quando a função enzimática da acetilcolinesterase é inibida pelo dematoatoato. A atividade dos receptores colinérgicos, muscarínicos e nicotínicos aumenta (estes são os receptores da acetilcolina).

Se o dematoato entrar no organismo numa quantidade relativamente grande, provoca a formação de peroxidação lipídica e stress oxidativo em resultado do aumento da quantidade de radicais livres, espécies reactivas de oxigénio (ROS). Tem efeitos negativos nos rins, fígado, pâncreas, sistema nervoso, cérebro, sistema reprodutor, etc. Em particular, tem efeitos graves no sistema reprodutor masculino, na qualidade do esperma e na estrutura genética. [39]

Os pesticidas organofosforados incluem o malatião, o paratião e o fenitrotião, etc. O pesticida malatião é muito eficaz na eliminação de insectos. O mecanismo do seu efeito tóxico nos seres humanos é o mesmo que o do dematoatoato. Interfere igualmente no mecanismo de ação da enzima acetilcolinesterase e causa dificuldades no processo de transmissão dos impulsos nervosos. Provoca também stress oxidativo ao gerar espécies reactivas de oxigénio. Quando exposto ao efeito tóxico do pesticida malatião, são observados sintomas iniciais como tonturas, fraqueza, náuseas e dores de cabeça. [32]

Em geral, a razão do efeito tóxico produzido pelos pesticidas organofosforados no organismo é a inibição da acetilcolinesterase. Como resultado, a atividade funcional do sistema nervoso é perturbada. A principal razão para a exposição a estes pesticidas está relacionada com a produção de pesticidas e a sua aplicação na agricultura. Para evitar estas situações, é imperativo utilizar uma máscara e vestuário de segurança durante o contacto. A razão para a exposição crónica das pessoas a pesticidas organofosforados é a contaminação de frutas e legumes, água potável e ar com estas substâncias.

Os carbamatos são também pesticidas muito utilizados. O grupo -OCON= está presente neste grupo de pesticidas. O efeito tóxico da maioria das suas espécies é igual ao dos pesticidas organoclorados e organofosforados e tem principalmente um efeito negativo no mecanismo de ação da acetilcolinesterase.

A oxadiazina, um pesticida do grupo das triazinas, é um pesticida eficaz em todas as fases de desenvolvimento das lagartas que danificam as plantas. O mesmo se aplica aos pesticidas mais vulgarmente utilizados, como a simazina, a atrazina, etc.

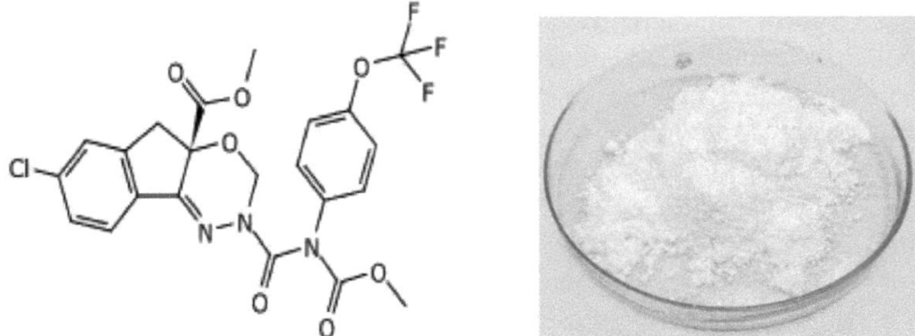

Figura 18. Estrutura e aspeto do pesticida oxadiazina.

A oxadiazina afecta o sistema nervoso das pragas. O pesticida bloqueia os canais de sódio no sistema nervoso do animal. Como resultado, o corpo da praga vibra durante várias horas, não consegue alimentar-se e é destruído. Além disso, os insectos nocivos não podem pôr os seus ovos nas folhas e noutros órgãos das plantas tratados com pesticidas.

Para além de todos estes efeitos benéficos, o pesticida indoxacab (oxadiazina) também tem efeitos nocivos no corpo humano. Este pesticida tem um efeito tóxico quando entra no corpo humano através das plantas ou diretamente (ao aplicar o pesticida nas plantas), resultando em alterações na proteína hemoglobina presente no sangue. O processo de transporte de oxigénio na hemoglobina é perturbado. O ferro passa do estado de oxidação +2 para o estado de oxidação +3. Neste momento, o processo de transporte de oxigénio da hemoglobina é perturbado e forma-se a metemoglobinemia. Nessa altura, surgem sintomas como descoloração, nódoas negras, fraqueza, náuseas e tonturas. A exposição a doses elevadas do pesticida indoxacarb aumenta a percentagem de metemoglobina no sangue, mesmo em casos de morte.

Além disso, outro efeito negativo do pesticida oxadiazina na saúde é no sistema nervoso. O pesticida tem um efeito tóxico no axónio, que é a projeção do neurónio, que é uma célula nervosa. Como resultado, os canais de sódio localizados na membrana do axónio não são fechados. Como os canais permanecem abertos, os iões de sódio passam facilmente através da membrana para o axónio. Com isso, ocorrem tensões e distúrbios no sistema nervoso.

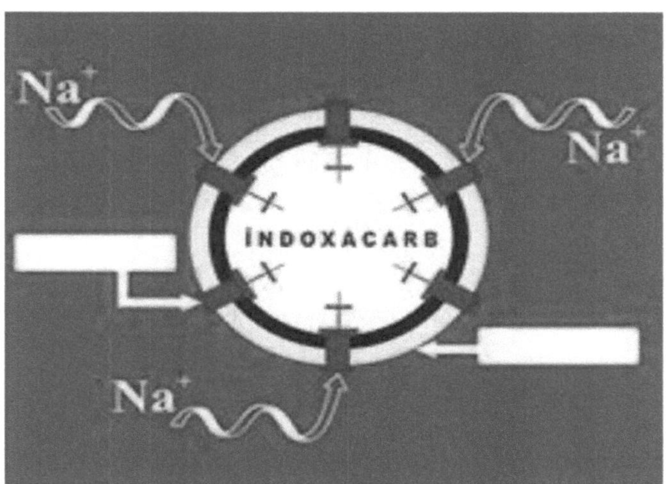

Figura 19. (Indoxacarbe) Mecanismo de bloqueio de sódio da molécula de oxadiazina no sistema nervoso.

O efeito tóxico dos piretróides no organismo é semelhante ao do pesticida oxadiazina.

Os piretróides são amplamente utilizados principalmente na destruição de insectos nocivos. Uma das razões para a sua utilização generalizada é o facto de terem menos efeitos tóxicos para o ambiente e para o corpo humano do que os compostos organofosforados e organoclorados.

A exposição do corpo a estes pesticidas ocorre através da pele, da alimentação e do trato respiratório. A exposição a doses elevadas pode provocar tonturas, vómitos, tensão muscular e mesmo coma.

Como resultado da exposição regular, este pesticida, tal como a oxadiazina, tem efeitos negativos no sistema nervoso, fazendo com que os canais de sódio nas células nervosas não se fechem.

6. O resultado

A toxicidade depende da composição e da estrutura da substância. As substâncias altamente tóxicas têm um efeito letal no corpo humano, mesmo em quantidades muito pequenas de microgramas. Por este motivo, é necessário ter especial cuidado com as substâncias cuja composição química e propriedades não conhecemos ao certo.

A conclusão da minha investigação é que qualquer substância que entre no organismo em excesso de uma determinada quantidade pode provocar efeitos tóxicos ou mesmo a morte. Por exemplo, a ingestão de vitamina D, considerada indispensável para a saúde, quer em dose preventiva, quer em casos de carência de vitamina D, a ingestão de mais do que a dose prescrita pelo médico é extremamente prejudicial. Com efeito, esta vitamina provoca hipercalcémia quando é ingerida em quantidade superior às necessidades do organismo. A hipercalcemia provoca a acumulação de uma quantidade excessiva de cálcio no organismo. Esta, em particular, provoca várias patologias ao ter um efeito negativo nos rins, nos pulmões, nas paredes vasculares e nos ossos. Por este motivo, para além da vitamina D, ao tomar todas as vitaminas e minerais úteis para o organismo, é necessário certificar-se de que o corpo necessita delas, para que não haja efeitos adversos na saúde.

Uma das principais nuances para a saúde é afastar-se o mais possível dos alimentos prontos e embalados. Pode dizer-se que em cada um deles são utilizados aditivos com o objetivo de prolongar o prazo de validade, aromatizar, conservar a cor, o sabor, aumentar o paladar, etc., que têm vários efeitos negativos para a saúde.
Uma das questões importantes a que deve prestar atenção é a utilização correcta de pesticidas e fertilizantes durante o crescimento e desenvolvimento dos frutos e legumes que utilizamos no nosso dia a dia. Caso contrário, estes químicos podem acumular-se no corpo e causar graves problemas de saúde. Juntamente com os alimentos, a água potável deve ser limpa, não deve conter microorganismos, metais pesados e quaisquer compostos que possam prejudicar a saúde.

A regra básica para proteger a nossa própria saúde é proteger o ambiente, o solo e a água da poluição. É um dever humano de cada um de nós seguir esta regra. Porque cada poluição circula e afecta negativamente a saúde humana de diferentes formas.

Bibliografia:

[1] Aune, D. et al. Fruit and vegetable intake and the risk of cardiovascular disease, total cancer and all-cause mortality - a systematic review and dose-response meta-analysis of prospective studies. Int. J. Epidemiol. 46, 1029-1056 (2017).

[2] Amaya E, Gil F, Freire C, Olmedo P, Fernandez-Rodriguez M. Concentrações placentárias de metais pesados numa coorte mãe-filho. Environ Res. 2013;120:63-70.

[3] Alewu B, Nosiri C. Pesticidas e saúde humana. In: Stoytcheva M, editor. Pesticides in the Modern World - Effects of Pesticides Exposure [Pesticidas no mundo moderno - Efeitos da exposição a pesticidas]. InTech; (2011). p. 231-50.

[4] Bahadoran, Z. et al. Nitrate and nitrite content of vegetables, fruits, grains, legumes, dairy products, meats and processed meats. J. Food Compos. Anal. 51, 93-105 (2016)

[5] Baker, B.A.; Cassano, V.A.; Murray, C. Arsenic Exposure, Assessment, Toxicity, Diagnosis, and Management (Exposição ao arsénico, avaliação, toxicidade, diagnóstico e gestão): Guidance for Occupational and Environmental Physicians (Orientação para médicos do trabalho e do ambiente). J. Occup. Environ. Med. 2018, 60, e634-e639.

[6] Barguilla, I.; Peremarti, J.; Bach, J.; Marcos, R.; Hernández, A. Role of As3mt and Mth1 in the genotoxic and carcinogenic effects induced by long-term exposures to arsenic in MEF cells. Toxicol. Appl. Pharmacol. 2020, 409, 115303.

[7] Bartowsky, E.J., 2009. Deterioração bacteriana do vinho e abordagens para a minimizar. Cartas em Microbiologia Aplicada 48(2): 149-156.

[8] Basu N, Goodrich JM, Head J. Ecogenetics of mercury: From genetic polymorphisms and epigenetics to risk assessment and decision-making. Toxicologia e Química Ambiental. 2014;33:1248-1258.

[9] Berk Z. Engenharia e tecnologia de processos alimentares. Ciência e tecnologia de alimentos, 2ª ed. Academic Press; 2013.

[10] Bhat R, Alias AK, Paliyath G. Progress in food preservation. Hoboken: Wiley; 2012.

[11] Bryan NS, Alexander DD, Coughlin JR, Milkowski AL, Boffetta P (2012). Ingested nitrate and nitrite and stomach cancer risk: an updated review. Food Chem Toxicol, s- 50.

[12] Bülent Nazli. Qidalarda kullanlilan nitritlerin fazla alimi durumunda orqanizmada serbest radilak olu$munu üzerinde etkileri. îstanbul-2011, s-66.

[13] Bu, L., Xing, Y., Yu, H., Gao, Y., Jiang, J., 2012. Estudo comparativo de pré-tratamentos com sulfito para sacarificação enzimática robusta de resíduos de espiga de milho. Biotecnologia para Biocombustíveis 5: 87.

[14] Bocca B, Pino A, Alimonti A, Forte G. Metais tóxicos contidos nos cosméticos: A status report. Regulatory Toxicology and Pharmacology. 2014;68:447-467.

[15] Bose-O'Reilly S, McCarty KM, Steckling N, Lettmeier B. Mercury exposure and children's health (Exposição ao mercúrio e saúde das crianças). Current Problems in Pediatric and Adolescent Health Care (Problemas actuais nos cuidados de saúde pediátricos e do adolescente). 2010;40:186-215.

[16] Breijyeh, Z.; Karaman, R. Comprehensive Review on Alzheimer's Disease: Causas e tratamento. Molecules 2020, 25, 5789.

[17] Carocci A., Rovito N., Sinicropi M.S., Genchi G. Toxicidade do mercúrio e efeitos neurodegenerativos. Rev. Environ. Contam. Toxicol. 2014;229:1 -18.

[18] Chambers T, Douwes J, Mannetje A, Woodward A, Baker M, Wilson N, et al. Nitrate in drinking water and cancer risk: the biological mechanism, epidemiological evidence and future research. Aust N Z J Public Health. 2022

[19] Chan, T. Y. Nitrato e nitrito de origem vegetal e o risco de metahemoglobinemia. Toxicol. Lett. 200, 107-108 (2011).

[20] Chen, P.; Miah, M.R.; Aschner, M. Metais e Neurodegeneração. F1000Research 2016, 5, 366.

[21] Dehari-Zeka, M., Letaj, K.R., Selimi, Q.I., Elezaj, I.R., 2020. Nível de chumbo no sangue (BLL), atividade da desidratase do ácido 5-aminolevulínico (ALAD), hemoglobina (Hb) e hematócrito (hct) em crianças do ensino primário e adultos residentes em zonas rurais de fundição no Kosovo. J. Environ. Sci. Health, Part A 55 (10), 1179-1187.

[22] Datta, S.; Ghosh, D.; Saha, D.R.; Bhattacharaya, S.; Mazumder, S. A exposição crónica a baixas concentrações de arsénio é imunotóxica para os peixes: Papel dos macrófagos do rim da cabeça como biomarcadores da toxicidade do arsénico para Clarias batrachus. Aquat. Toxicol. 2009, 92, 86-94.

[23] Dauphiné, D.C.; Smith, A.H.; Yuan, Y.; Balmes, J.R.; Bates, M.N.; Steinmaus, C. Case-Control Study of Arsenic in Drinking Water and Lung Cancer in California and Nevada. Int. J. Environ. Res. Saúde Pública 2013, 10, 3310-3324.

[24] Ding Z, Johanningsmeier SD, Price D. Evolução do teor de nitrato e nitrito em produtos de frutas e vegetais em conserva. Food Control 2018; 90:304-311.

[25] Flora, G., Gupta, D., Tiwari, A., 2012. Toxicidade do chumbo: uma revisão com actualizações recentes. Interdiscip. Toxicol. 5 (2), 47-58.

[26] Engwa, G.A., Ferdinand, P.U., Nwalo, F.N., Unachukwu, M.N., 2019.

Mecanismo e efeitos na saúde da toxicidade de metais pesados em humanos.

[27] Gobe G., Crane D. Mitocôndrias, espécies reactivas de oxigénio e toxicidade do cádmio no rim. Toxicol. Lett. 2010;198:49-55.

[28] Hong, Y.-S.; Song, K.-H.; Chung, J.-Y. Health Effects of Chronic Arsenic Exposure (Efeitos na Saúde da Exposição Crónica ao Arsénio). J. Prev. Med. Saúde Pública 2014, 47, 245-252.

[29] Holmes AL, Wise SS, e Wise JP Sr., Carcinogenicidade do crómio hexavalente. Indian J Med Res, 2008. 128(4): p. 353-72.

[30] Herrmann, S.S., Duedahl-Olesen, L. e Granby, K., 2014a. Ocorrência de N-nitrosaminas voláteis e não voláteis em produtos de carne processados e o papel do tratamento térmico. Aceite para publicação em Food Control .

[31] Jangam SV, Law CL, Mjumder AS. Drying of foods, vegetables and fruits (Secagem de alimentos, legumes e frutas), vol. 1, 1.ª ed. Singapura; 2010.

[32] Karami-Mohajeri S, Abdollahi M. Toxic influence of organophosphate, carbamate, and organochlorine pesticides on cellular metabolism of lipids, proteins, and carbohydrates: a systematic review. Hum Exp Toxicol (2011) 30(9):1119-40. [33] K atabami K, Hayakawa M, Gando S (2016). Metemoglobinemia grave devido a envenenamento por nitrito de sódio. Case Rep Emerg Med, 2016.

[34] Kay O'Donnel (2012). Mitchell H (ed.). Sweeteners and sugar alternatives in food technology [Adoçantes e alternativas ao açúcar na tecnologia alimentar]. Oxford, Reino Unido: Wiley-Blackwell. p. 126.

[35] Khan, A., Khan, S., Khan, M.A., Qamar, Z., Waqas, M., 2015. A absorção e bioacumulação de metais pesados por plantas alimentares, os seus efeitos nos nutrientes das plantas e o risco para a saúde associado: uma revisão. Environ. Sci. Pollut. Res. 22 (18), 13772-13799.

[36] Larsson, S.C. e Wolk, A., 2012. Red and processed meat consumption and risk of pancreatic cancer: meta-analysis of prospective studies (Consumo de carne vermelha e processada e risco de cancro do pâncreas: meta-análise de estudos prospectivos). Br. J. Cancer, 1-5.

[37] Mnif W, Hassine AIH, Bouaziz A, Bartegi A, Thomas O, Roig B. Effect of endocrine disruptor pesticides: a review. Int J Environ Res Public Health (2011) 8:22652203.

[38] Monteiro CA, Levy RB, Claro RM, Castro IR, Cannon G. Uma nova classificação de alimentos baseada na extensão e finalidade do seu processamento. Cad Saude Publica. 2010;26(11):2039-49.

[39] Mostafalou S, Abdollahi M. Pesticidas e doenças crónicas humanas: evidências, mecanismos e perspetivas. Toxicol Appl Pharmacol (2013) 268:157 -77. 5.1

[40] Nathan, C.; Ding, A. SnapShot: Intermediários Reactivos de Oxigénio

(ROI). Cell 2010, 140, 951-951.e2. 4

[41] Navas-Acien, A., Selvin, E., Sharrett, A.R., Calderon-Aranda, E., Silbergeld, E., &Guallar, E., 2004. Lead, cadmium, smoking, and increased risk of peripheral arterial disease. Circulation 109 (25), 3196-3201.

[42] Neeti, K., Prakash, T., 2013. Efeitos do envenenamento por metais pesados durante a gravidez. Int. Res. J. Environ. Sci. 2 (1), 88-92 .

[43] Nguyen MV, Thorarinsdottir KA, Thorkelsson G, Gudmundsdottir A e Arason S, 2012. Influências do ferrocianeto de potássio na oxidação lipídica do bacalhau salgado (Gadus morhua) durante o processamento, armazenamento e reidratação. Food Chemistry, 131, 1322-1331.

[44] Osman KA. Pesticidas e saúde humana. In: Stoytcheva M, editor. Pesticides in the Modern World - Effects of Pesticides Exposure [Pesticidas no mundo moderno - Efeitos da exposição a pesticidas]. InTech; (2011). p. 206-30.

[45] Park JD, Zheng W. Human exposure and health effects of inorganic and elemental mercury (Exposição humana e efeitos na saúde do mercúrio inorgânico e elementar). Jornal de Medicina Preventiva e Saúde Pública. 2012;45:344-352.

[46] Pr5ctor DM, et al., Assessment of the mode of action for hexavalent chromium- induced lung cancer following inhalation exposures (Avaliação do modo de ação do cancro do pulmão induzido pelo crómio hexavalente após exposição por inalação). Toxicology, 2014. 325: p. 160-79.

[47] Reiler E, Jors E, Bælum J, Huici O, Alvarez Caero MM, Cedergreen N. The influence of tomato processing on residues of organochlorine and organophosphate insecticides and their associated dietary risk. Sci Total Environ (2015) 527-528:262-9. 10.1016

[48] Santos NC, de Araujo LM, De Luca Canto G, Guerra EN, Coelho MS, Borin MF (abril de 2017). "Efeitos metabólicos do aspartame na idade adulta: Uma revisão sistemática e meta-análise de ensaios clínicos randomizados". Revisões Críticas em Ciência dos Alimentos e Nutrição. 58 (12): 2068-2081.

[49] Shah, A. Q., Kazi, T. G., Baig, J. A., Arain, M. B., Afridi, H. I., Kandhro, G. A., et al. (2010). Determinação de espécies de arsénio inorgânico (As3+ e As5+) em tecidos musculares de espécies de peixes por espetrometria de absorção atómica electrotérmica (ETAAS). Food Chem. 119 (2), 840-844.

[50] Shekhawat, K., Chatterjee, S., e Joshi, B. (2015). Toxicidade do crómio e os seus perigos para a saúde. Int. J. Adv. Res. 3 (7), 167-172.

[51] Soo Lim H, Young Hwang J, Choi E, Lee G, Sun Yoon S e Kim M, 2018. Desenvolvimento e validação do método HPLC para a determinação do ião ferrocianeto em sais de qualidade alimentar. Food Chemistry 239,

1167-1174.

[52] Taylor, S.L., Bush, R.K., Nordlee, J.A., 2009. Sulfitos, Food Allergy: Adverse Reactions to Foods and Food Additives, Fourth Edition, Blackwell Publishing Capítulo 29.

[53] Tchounwou, P. B., Yedjou, C. G., Patlolla, A. K., e Sutton, D. J. (2012). Toxicidade de metais pesados e o meio ambiente. Mol. Clin. Environ. Toxicol. 101, 133-164.

[54] Thompson J., Bannigan J. Cádmio: Efeitos tóxicos sobre o sistema reprodutor e o embrião. Reproduct. Toxicol. 2008;25:304-315.

[55] Vally H, Misso NL (2012). "Reacções adversas aos aditivos de sulfito". Gastroenterologia e Hepatologia do leito à bancada. 5 (1): 16-23.

[56] Valko, M., Morris, H., e Cronin, M. (2005). Metais, toxicidade e stress oxidativo. Curr. Med. Chem. 12 (10), 1161-1208.

[57] Vasile M. Sulfitos e alimentos, toxicidade e hipersensibilidade. J Eco Agri Tourism. 2010;6(4):63-6.

[58] V. Lobo, A. Patil, A. Phatak, N. Chandra, Radicais livres, antioxidantes e alimentos funcionais: impacto na saúde humana Phcog. Rev., 4 (2010), p. 118

[59] Yang, H., e Shu, Y. (2015). Transportadores de cádmio no rim e nefrotoxicidade induzida por cádmio. Int. J. Mol. Sci. 16 (1), 1484-1494.

[60] Zhitkovich A, Chromium in drinking water: sources, metabolism, and cancer risks (Crómio na água potável: fontes, metabolismo e riscos de cancro). Chem Res Toxicol, 2011. 24(10): p. 1617-29.

Printed by Books on Demand GmbH, Norderstedt / Germany